ちくま新書

めざせ！日本酒の達人

——新時代の味と出会う

1070

山同敦子
Sando Atsuko

めざせ！ 日本酒の達人――新時代の味と出会う【目次】

第3章　家飲みのコツ　141

序章　日本酒達人プロジェクトの始動

東京のとある繁華街の裏路地に、ほんのりと灯る明かり。提灯には「居酒屋ちろり」と墨文字で書いてあった。窓枠のところに、空瓶の日本酒がずらりと並んでいるのが見える。

僕はちょっと緊張しながら一人、店の前に立った。ちょっと日本酒に興味を持った僕に、会社の先輩が紹介してくれた店だ。飛び切り旨い日本酒を飲ませてくれる居酒屋だという。

日本酒のことをまったく知らない僕でも大丈夫なんだろうか。浮いてしまわないのだろうか……。入るのをためらっていると、ＯＬ風の若い女の子の二人連れがやってきた。

「ここ、ここ！　まだあのシュワシュワの日本酒、あるかな」

「美味しかったよね、限定って言ってたけど、あるんじゃない？　入ろう入ろう！」

楽しげに、躊躇もなく暖簾をくぐっていく。

――へえ、あんな女の子たちも日本酒、飲むんだ……。

覚悟を決めて、僕も暖簾をくぐった。

「いらっしゃい！」と威勢のいい声。

カウンターが七席、それから四人座ればいっぱいの、小あがりの座敷があるだけ。さっきの女性たちは一番奥で、店主と楽しそうに話している。手前には僕と同じくらいの年代のカップル。座敷以外に空いているのは、カウンターの中央席が1つだけ。意外に女子率が高いな。

主人「おひとり? どうぞ、ここにおかけください」

——えぇーっと、僕、酒井達人《たつと》と言います。先輩から聞いてきました。

名刺を出す。……こんな店で、客がいきなり名刺出すなんて、変に思われるだろうか。

主人「酒井達人君。酒の達人《たつじん》かあ。いい名前だね。三輪君から聞いてるよ。日本酒に興味あるんだってね。嬉しいなあ。三輪君と同じふうに、たっちゃんと呼んでいいかな」

——はい、それでお願いします。

座ったものの、落ち着かない。すると、隣で一人飲んでいた女性が話しかけてきた。

女性「大将、見た目は強面《こわもて》だけど、すごく優しいから大丈夫よ」

——あ、ありがとうございます。なるほど、だから女子が多いんでしょうか。

女性「それもあるけど、こういうお店に女性が来る比率が高くなったのは、日本酒が格段においしくなったからじゃないかしら。昔は日本酒というと塩辛とか珍味でちびちびって感じで、おじさんの専売特許みたいだったけど、いまはふわっと優しい味わいのお酒もあればすっきりと切れ味のいいものもあるし、驚くほどバラエティ豊かになっているの。和食はもちろん、焼き肉やスイーツに合う日本酒だってあるんだから」

勘介「いい席に座ったね。紹介するよ。こちら、日本の美味しいお酒を追いかけてる作家の山同さん。日本酒好きで物書きになった人で、お酒への愛は本物だよ。いろいろ教えてもらうといいよ。で、俺は松尾勘介《かんすけ》。日本酒の神様、松尾さまと同じだよ」

——あの、よ、よろしくお願いします。

山同「お燗《かん》名人の勘介さん。みんな勘さんと呼んでるのよ。ちなみに店の名前の「ちろり」は燗をする道具のこと」

——燗酒っていうと……あのツンとアルコールが鼻にくる……。

山同「昔は、そうでしたけどね。おいおい燗の良さもわかってくると思うわよ。達人さんは普段、どんなお酒を飲んでいるんですか？」

——たっちゃんでいいです。えー、フツウにビールとか白ワインとか。ぼく、あんまり酒強くないんです。でも大人なんだから酒ぐらい知っとけって先輩が。先輩、海外勤務になっちゃって一緒に来られないからごめんって……。

山同「勘さん！　達人さんには、スタートは活性濁りがいいんじゃない？」

——濁りって、どぶろくみたいな白いお酒ですか？

山同「うっすら濁っているけど、どぶろくとは別のモノなんですよ。シュワシュワって弾けて爽快なの！」

――さっき、あの女子たちが言ってた奴かな。

勘介「ああ、そうそう。彼女たちも活性濁りを飲んでから日本酒にはまってしまってね。毎週、来てるよ。はい、お待ち！」

シャンパングラスが出てきて驚いた。そして注がれている酒も、シュワシュワと発泡している。ぼくはグラスを手にして、そっと口をつけた……。な、なんだこれは！

――うわあああ、美味しい！　これも日本酒なんですか？

山同「ね、美味しいでしょ」

思わず一気飲みしていた。

勘介「おいおい、一気飲み？　その日本酒、原酒だからアルコール度数が18％くらいあるんだよ、ビールが5％だからずいぶん強いんだ、ビールと同じ気分で飲んじゃだめだよ。そこからレクチャーしなくちゃなんないんだね」

――え、そ、そんなに強いの？　甘くて酸っぱくて爽快で、そんな強い感じじゃないけど、旨いです。ひくっ。

山同「そうか、日本酒に興味を持ってるんですね。これは面白いわ。勘さん、それでは、達人君を本物のお酒の達人にするプロジェクト、題してRoad to the SAKE TATSUJIN」立ち上げますか。

勘介「了解！」

――こうしてぼくは二人に導かれて、日本酒の森へ分け入ることになったのだ！

写真——山同敦子
図作成——朝日メディアインターナショナル

第1章

好きな味に出会うために役立つ基礎知識

日本酒ってどんな味？

シュワシュワ発泡する、すっきり軽快な味。熟れた白桃のように甘酸っぱくてジューシー。どっしりと濃厚でズドンと切れるメリハリボディ……。これなんのこと？実は、日本酒の味を表現したことばです。米と水で造っているのに、発泡したり、甘酸っぱいなんて、おかしいと思いますか？　でも、これらは特殊な日本酒ではなく、どれも居酒屋でふつうに飲める人気のお酒です。

日本酒の味を表わす言葉で、最も馴染みの深いのは、甘い、辛いでしょう。でも、日本酒の味は甘いか、辛いかだけで表現できるほど、単純ではありません。甘い、辛い、酸っぱい、苦い、塩辛いの五味のほか、旨味や渋み、コク、香り、舌に乗せた感触、余韻に感じる風味など、さまざまな要素が複雑にからみあって、ひとつのお酒の味を構成しています。しかも近年では発泡する濁り酒や、アルコールの軽いものなど、これまでにないタイプが続々登場。味の幅はさらに広く、バラエティも豊かになり、いろいろなシーンで飲まれるようになりました。

なんとなく飲んでいる、いつものあの銘柄もいいけれど、あなたの心を震わせるような感動の日本酒がきっとあるはずです。待っているだけでは、出会いはありません。いろいろ試して、味や香りの印象をじっくりと賞味することから始めてみましょう。

その1　**日本酒を味わう基本**

ちびちび、がぶがぶ、ああ酔った酔った。何も考えず飲むお酒もいいけれど、もっと旨い酒、好みの味に出会いたいと思ったら、時にはじっくり味わい、感じたことを表現してみましょう。

日本酒の味や香りを確かめることを、唎《き》き酒《ざけ》と言います。プロの唎き酒は評価をするために行うのですが、飲み手が唎き酒をする目的は、その酒の個性を味わい、自分が好きか嫌いかを判断することです。美味しく楽しく味わうために行うものですから、冷静である必要はありません。飲んだ印象を果物や身近な食べ物、景色、俳優、音楽に例えるなど、熱烈に自分の好き、嫌いを表現してみましょう。

初めのうちは2種類を並べて比べ飲みしてみると良いでしょう。違いが浮き彫りになるのでわかりやすいと思います。数をこなすうちに、味を表す語彙も増えて、次第に自分の好みが摑めるようになるはず。居酒屋に行ったときには、飲みたい味をすらすら伝えられるようになっていることでしょう。

†美味しく味わうための日本酒を唎く手順

1　色を見る

日本酒はどれも色がないと思っている方、2種類以上のお酒を、透明で柄のないグラスなどに注いで比べてみましょう。透明を基調としながらも、緑がかっていたり、黄色を帯びていたり色の違いはありますし、清澄度合いや輝き具合、気泡が入っているか否か、どれひとつ同じものはないことに気付くはず。色を感じるのはむしろプラス要素。まったく無色透明な酒は、仕上げに濾過をしすぎたことで色が抜け、旨味も香りも取り除かれて、水っぽいこともあります。なお、日本酒は搾ったあとは、空気に触れることで熟成し、時間が経つにつれて色は濃くなっていきます。ひとつひとつの微妙な色合いを鑑賞してみましょう。

2　香りを楽しむ

香りは3段階でチェック。まず飲む前に、鼻に近づけたときの香り「上立《うわだ》ち香《か》」を観察、次に口に含んだ時に広がる香り「含《ふく》み香《か》」を味わい、最後に飲みこんだあとに、ふわっと戻ってくる香り「残《のこ》り香《が》」（または「余韻」）を楽しみます。さらに、それぞれの香りの強弱、どんな香りに似ているか（果物や穀類、植物、食品などに例えてみる）、飲んだ後に残る香りの持続時間が長いか、短いかをチェックします。

3　味を確かめる

日本酒の味は様々な要素が複雑にからみあって、全体を構成しています。次の要素に留意して、それぞれの強弱や性質、それぞれの調和を見るようにします。

○甘い、辛い
甘さの度合い。（糖分を感じるかどうか。詳しくはp．26〜32）

○濃醇、淡麗
味わいは全体として濃厚なのか、あっさりと淡い印象なのか。（詳しくはp．42、45）

○酸の強弱
酸がたっぷり含まれているか、少ないのか。（詳しくはp．41）

○酸の質
レモンのようなフレッシュな印象の酸か、ずっしりと重みのある酸なのか。（詳しくはp．42〜44）

○苦みや渋み
苦みや渋みの要素があるか。

○重い、軽い

味の要素が強いフルボディなのか、要素が淡くて軽やかなライトボディなのか。

○舌触りが滑らか、粗い

肌理が細かくてクリーミーか、肌理が粗くてゴツゴツした印象か。

○飲み口のタッチ

全体にまるい印象か、とがった印象か。

○喉越し

喉の滑りの感触を確かめる。

○飲んだあとの切れ

飲んだあとの味がスパッと切れるかゆっくりフェイドアウトするか、味が切れずに残るか。

以上、チェック項目を挙げましたが、慣れないうちは、すべての味わいを意識するのは難しいでしょう。このうちの甘さの度合い、酸の強弱、味の濃淡、飲んだあとの切れ、この4つの項目に留意するところから始めてみましょう。

4　全体像を掴む

味わったあと、酒の全体像をつかんでみましょう。その際、口に含んだときの第一印象、口の中で感じる味わい、飲み込んだあと、この3段階の香りや味の印象に注目するとわかりやすいでしょう。たとえば、「熟したメロンのような甘い香りが漂い、舌触りはとろりと滑らか。優しい甘味と控えめな酸がゆっくりと広がり、はかなく消えていく。研ぎ澄まされた印象のソフトな美酒」といった具合です。

景色や人物に例えるのも楽しいものです。たとえば、透明感があり、清々しい印象なら、「清流のように爽やか」、ふんわりしたタッチで、楚々とした印象なら「雪国の色白の美少女」、ゴツゴツして、重厚な味わいなら「野武士のよう」などと表現してみるのです。

友人が集まる場なら、著名人に例えてみる遊びをお薦めします。たとえば甘酸っぱくて軽やかで、キュートな感じの酒を「きゃりーぱみゅぱみゅ」、苦み走った燻し銀の魅力を感じたなら「高倉健さん」などと発表しあうのです。友人とイメージがぴったり一致したときは、同志を得たような気持ちになることでしょう。でも、誰かの意見に合わせようと考えては盛り上がりません。一致しないことが当たり前と考え、なぜ、その人に例えたのか、その理由を述べ合って、意見の違いを楽しむのです。自分が見逃していた香りを友人はキャッチしていたり、自分が酸っぱいと感じた酸味を、友人は爽やかだと感じていたり。多くの意見を聞くことで、お酒を多面的に眺めることができます。

お酒の表現に正解はありません。友人同士、あるいは居酒屋の店主を相手に、恐れることなく自分の感想を言葉にすることで、表現力を身につけていきましょう。

達人指南　甘い、辛いって何？

(達人)「日本酒の甘い、辛いってよくわからないなあ。超辛口とラベルに書いてあったお酒も激辛じゃなかったし……」

(山同)「食べ物とお酒では、辛いと言う意味が違うので、わかりにくいかもしれませんね。食べ物の場合は、辛いと言えば塩辛いか、唐辛子やワサビなどのピリピリと刺激のある辛さがあるという意味ですよね。ところが日本酒の場合は、含まれている糖分が少ないときに、辛いという言い方をするんです。反対に、糖分が多いときに甘いといいます」

(達)「糖分と言われても、余計にわかんない」

(山)「じゃあ、この2本を飲み比べてみてください」

(達)「最初のは、スイスイ飲める。バナナみたいな甘い感じだから甘口かな。2番めの、こっちは強くて酸っぱい感じ。きっと辛口でしょう」

(山)「数値ではどちらも日本酒度は＋1なので糖分の量は同じ。甘口でも辛口でもない、中間ぐらいかな」

(達)「ずるい～！（……と、もう一口飲む）……やっぱり、こっちはバナナみたいで甘い気がするけどなあ」

山「確かにバナナみたいな香りがしますね。もう一度、舌に乗せてみてください。甘味はそれほど強く感じないでしょう？　香りの影響で甘く感じたのではないですか。パイナップルやリンゴなど果物のような香りがするお酒を甘いと感じる人は多いんです。辛い酒が欲しいという人のなかには、甘い香りが苦手なだけで、味は甘いほうが好きだと言う人は少なくないんです」

達「へえ、僕はこのバナナのほう、いままで飲んだことがないタイプだけど、優しい感じで嫌いじゃないなあ。じゃあ、なぜ酸っぱいほうは辛く感じたのかな？　こっちはあまり香りは感じないけど」

山「酸の含まれる量が多いと、糖度は同じでも辛く感じるんです。初めの方は酸度1・6、2本目は3・0ですから」

達「へええ、複雑なんですね」

山「味わいの決め手となるのは、甘味と酸のバランスなんです。勘さん、例のお酒、お願いします」

勘介「へい！　お待ち！」

山「さて、二番目のお酒が酸っぱいと言いましたが、燗にしてもらいました。どうですか？」

㉃「燗……ツンと来るから得意じゃないんですけど……うわああ旨くなった！　全然、酸っぽくないし、辛くもなくて、飲んだ後がきりっとしてる。これきっと親爺、好きだろうなあ」

㊐「温度によっても印象が変わるんです。こんな風に日本酒の味はとっても複雑。甘い、辛いで分けようとせずに、感じたままを表現すればいいんですよ。初めのお酒は、バナナみたいな香りでスイスイ飲める優しい味で、たっちゃんの好きなタイプ。次のは、香りは控えめで、酸の切れがよく燗で旨くなる、お父様がお好きなタイプ。そんな風に覚えておけば素敵なんじゃないですか？」

※参考　バナナっぽいお酒「若波」純米吟醸（若波酒造・福岡県）、酸のキレがあるタイプ「秋鹿」純米吟醸　一貫造りもへじラベル（秋鹿酒造・大阪府）
（データは酒造年度によって異なります。写真はイメージです）

その2

日本酒度と甘辛の関係

日本酒の甘い、辛いを表すときに使われる指標に、「日本酒度」という数値があります。酒に含まれるエキス分（ほとんどが糖分）の比重を測って（図 酒度計）数値化したもので、糖度の数値が高い（甘い）ものほど－《マイナス》の値に傾き、糖度が低い（辛い）ほど＋《プラス》の数値になります。日本酒の裏ラベルに「日本酒度　＋2」などと数値が書かれていたり、居酒屋の酒メニューに、日本酒度を載せている場合もあります。

国税庁調べによる全国平均（注1）は、純米酒で＋4・2、吟醸酒で＋4・5、本醸造酒で＋5・2。市販されている日本酒のほとんどは＋の値。マイナス表示の酒を、見かける機会が少ないかもしれません。一般的にはだいたい＋5～＋10ぐらいが辛口。＋1～＋4ぐらいが中口、±0から－になると甘口というのが目安。「－20」などと、極端にマイナスの大きい数値が記されていたら、かなり糖分を感じる甘い酒です。

これらはあくまでも計測値で、極端に甘い酒は別として、±0から＋数値の酒の味の差は微妙で、実は飲んで比べてもあまりわかりません。それどころか＋5の酒と＋1の酒と飲み比べた場合に、＋1の酒のほうが辛く感じることもあります。甘さ辛さは、ほかの要素がからみあって感じる味覚だからです。たとえば、香り。甘い果物の香りが漂う吟醸酒を、同じ日本酒度でも、甘い酒だと感じる人は少なくありません。またアルコール度数が高い酒は、酒の比重は小さくなるので、含まれている糖が同じでも、＋の値が高く（辛口）になります。また酒に含まれる酸の分量が多いと、日本酒度が同じでも辛く感じ、酸が少ないと甘く感じます。そこで、日本酒度と総酸（乳酸、コハク酸、リンゴ酸などの酸

メスシリンダーに15℃の日本酒を注ぎ、酒度計（浮き秤）を浮かべて、液面の数値を読み取る（写真提供「而今」木屋正酒造）

酒度計

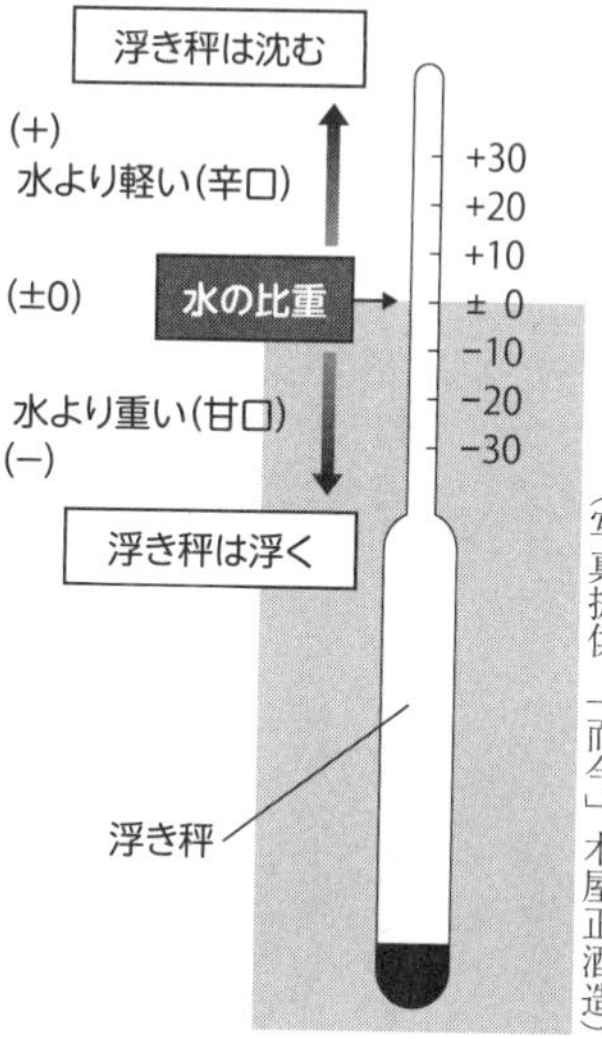

の含有量）から計算した指標として「甘辛度」という数字を、国税庁は発表しています（p．108参照）。

日本酒度は、もともと発酵の進み具合（糖がアルコールに変わる状態）を見極めるための数値。プロにとっては大事なデータですが、味わいを表現する指標ではありません。私は数字をあくまでも参考として捉えるようにして、チェックする場合も飲んだあとにしています。飲む前に数値を知ると、先入観になって、素直に味を感じられなくなってしまう可能性があるから。まっさらな状態で、五感で味を感じたいからです。興味を覚えるのは、数値よりも質。甘さ、辛さが、ほかの味の要素とどんなバランスで配され、どんな性質を持っているかという点です。

たとえば甘口で知られる「村祐《むらゆう》」（村祐酒造・新潟県）の味わいは、和菓子に使われる高級砂糖の和三盆を思わせますし、「而今《じこん》」（木屋正酒造・三重県）の甘味は、ほどよい酸を伴っているので、熟したフルーツのように感じます。辛口タイプで言うなら、「神亀」（神亀酒造・埼玉県）はズドンと酸で断ち切るような後味の辛さがあり、「宝剣」（宝剣酒造・広島県）はスパッと刀で切ったようなシャープな切れ味のように感じます。甘い、辛いも、こんな風に自分なりの言葉で語ったほうが楽しいと思いますが、いかがでしょう。

（注1）平成23年度　全国市販酒類調査（平成25年2月　国税庁）

その3　辛口＝良い酒になった歴史

好きな日本酒のタイプを聞かれたら、「辛口」と即答するあなた、本当に辛い酒が好きなのでしょうか。「ツウは辛口を飲む」と言われているから、なんとなく辛口の酒が良いものだと思い込んでいるのではないですか。世界中に数ある酒類の中でも、日本酒は旨味や甘味のあるお酒。ところが長年にわたって、辛口＝上質な酒、という価値観が常識のように流布してきたせいで、本来、辛口好きではない人までが、辛口の酒を所望する傾向にあるようです。特に人生経験が長く、社会的な地位の高い男性に辛口妄信論者が多いのは、世評を知るがゆえ。知識が邪魔しているように思います。

では、なぜ辛口の酒こそ良い酒だとされてきたのでしょう。それは、甘くて、質の悪い酒が出回ったことに対するアンチテーゼなのです。

太平洋戦争中や終戦直後、米が不足していたころに、アルコールを大量に添加して増量した粗悪な酒が造られました。米が足りなくても、なんとしても日本酒が飲みたかったのでしょう。

ところが米が潤沢に出回るようになっても、アルコールを大量に添加した酒は造り続けられました。飲み手にとっては安価であり、メーカーにとっては原価率は低く、手間もかけずに大量生産できるため、市場を席巻していったのです。米に対して三倍の量のアルコールで薄めたことから、「三増酒」などと呼ばれたこういった酒には、米の旨味が出ず、味がうすっぺらになりがち。それをごまかすために、水あめなどの糖類や酸味料などで味付けしたため、後味にベタベタとした不自然な甘さが残ります。こういった質の悪い酒を、温度管理もしないで放置しておいて、燗して飲ませる飲食店も多かったのです。鼻に近づけただけでツンとしたアルコール臭が立ち、後味はベッタリ甘くて重い……。この三増酒の不快さが、日本酒離れが進んだ第一の原因だと考える人は多くいます。

一九六〇年代に入ると、灘や伏見のメーカーが全国ブランドになり、新聞広告やテレビCMなどを通して辛口の酒として全国に知られるようになり、〝辛口を飲む男は酒の通〟という価値観を強烈に植え込んでいきました。七〇年代には本来の日本酒に戻るべきだという考えから、アルコール添加をせず、純米酒（無添加酒、純粋清酒という言い方もありました）を造る蔵元《くらもと》も現れました。こういった酒は、糖類やアミノ酸などで味付けをしていないことから、飲んだあとがすっきりとした印象なので、「辛口」だ、良い酒だと評価されるようになります。でもまだごく一部の人が知る存在でした。

七〇年代後半に始まった地酒ブームを牽引したのが、「越乃寒梅」（石本酒造）で代表される新潟の酒です。寒冷地に向いた酒米、五百万石を、低温発酵させたことで実現した、すっきりとした切れ味の良い味わいは〝淡麗辛口〟と称賛されました。またビール業界では「アサヒスーパードライ」を皮切りに、辛口の味のビールが続々売り出され、その過熱ぶりはドライ戦争などと言われます。こうして、〝淡麗辛口〟という言葉は、質の良い酒を表す最高のほめ言葉として、浸透していったのです。

さらに八〇年代後半から、米を高精白した大吟醸酒ブームが起こり、香り高く、淡麗辛口の酒を冷やして飲むスタイルが定着。銘柄ではたとえば「上善如水《じょうぜんみずのごとし》」（白瀧酒造・新潟県）などが代表で、清らかな水のようなシャープな飲み口が、脚光を浴びました。バブル景気の真っただ中にあって、グラス一杯で数千円の高値がついても、香り高く、繊細で淡麗な味の大吟醸が、どんどん売れていったのもこの時代です。

このようにして、戦後すぐから約五十年をかけて、甘口で味のある酒＝粗悪な酒、辛口ですっきり淡麗な酒＝良い酒、という評価基準が出来上がってしまったのでしょう。

旨口の酒にスポットが当たったのは、一九九三年、当時二十代の若い蔵元が自ら造った酒「十四代」（高木酒造・山形県）中取り純米酒です。蔵元自身が旨いと思う酒を実現したこの酒は、弾ける香りと、生き生きとした旨味や綺麗な甘みを持っていました。さらに翌年に発表した「十四代　本丸」は、特別本醸造ながら、吟醸を思わせる華やかな香りと爽やかな甘みがあり、1升2000円を切る価格（税抜き）の安さもあいまって大ブレイク。「十四代」の登場は、〝芳醇旨口〟タイプという日本酒の味わい、蔵元杜氏《とうじ》というありかた、価格設定など、様々な意味でのエポックメイキングとなったのです。

その後、濃厚な味わいを好むファンも増え始めます。活性炭による濾過が行き過ぎて酒の味が薄くなってしまうことに対する反動もあり、〝濃醇旨口〟タイプの「無濾過生原酒」が注目されるようになりました。さらに、近年では嗜好の多様化が進んでいます。たとえば一九八七年に造る酒をすべて純米造りに切り替えた「神亀」（埼玉県）や、この蔵で造りを学んだ「竹鶴」（広島県）のように、酵母が糖を完全に食い切るまで〝完全発酵〟させた酒は、水のように淡い辛口ではなく、濃くて、キリリと締まった飲みごたえのある〝濃醇辛口〟タイプとして、熱烈な支持者がついています。一方では、「而今」（三重県）、「寫樂」（福島県）に代表される、酸と甘味のバランスのとれた〝ジューシーな甘口タイプ〟は、ワインを好む若い世代や女性たちも虜にしています。このように現代では、まったく異なるタイプに各々熱狂的なファンがつくようになっているのです。

自分が辛口派だと思っているあなた。本当に自分がその味を好きなのか、味わいながら自己分析してみてもいいのではないでしょうか。

達人指南　味をどう表現するのか？

達「いまひとつ味覚に自信が持てないんです。僕が辛いと思う酒を、友達は甘いと言うし、上司が旨いという酒にはあんまりピンと来なくて……」

山「あら、この間、飲んだ2本のコメントは的確でしたよ。味覚の問題ではなくて、味わいをどう伝えるか、かもしれませんね。味についての感じ方は千差万別なので、人にもわかってもらえるように伝えるのは、意外に難しいんです。いろいろ飲みながら、どんな風に言えば伝わりやすいか、実践編といきましょうか。では1本目は新潟の「八海山」本醸造。どんな感じ？」

達「ああ、これは馴染みの味です。……これって辛口ですよね？」

山「そう言っていいでしょう。でも、辛口と一語で言おうとしないで、第一印象と味、飲んだあとの感じを3つぐらいの単語で表現しようとしてみてください。たとえば、すっきりと端麗で軽快。喉越し爽快なタイプとか」

達「確かに、辛いっていうより、おいしい水みたいに喉の通りが気持ちいい」

山「その調子。2本目は、同じ新潟のお酒で、「〆張鶴《しめはりつる》」純。こちらも淡麗ですが、雪解け水のような優しい味わいで、辛口というより、淡い旨味があるように思います」

(達)「淡い旨味！　確かにあるある！」

(山)「インパクトはないけど、飲み進めていくうちに舌が旨味を探しあてていくので飲み飽きしないタイプだと思います。では、この宮城の「伯楽星《はくらくせい》」純米吟醸はどう思います？」

(達)「さっきのと似て淡い感じかな。でも、なんか頼りない感じだなあ」

(山)「じゃあ、このタラの白子焼きを食べてから、「伯楽星」を飲んでみて」

(達)「うわあ、酒の味が丸くなった。しかも飲んだあとが、すーっとしてイイカンジ」

(山)「口に残っている脂を綺麗にしながら、次の一杯、次の一口を呼ぶ感じですよね？　お酒単独で飲むより、お料理と一緒に楽しむと魅力が映えるタイプだと思います」

(達)「これは辛口ではないの？」

(山)「たっちゃん、そんな風に辛口か甘口か、決めつけないほうがいいですよ」

(達)「あ、そうでした」

山 「飲んだあとに口に甘さが残らず、すっきりしている、という印象を言いたいなら、辛口というより、切れ味がいいとか、飲んだ後に綺麗におさまるなどと言った方がいいでしょうね。また味わいの面では、伯楽星はキリリと辛いという印象より、ふんわりと優しいタッチで、静かな旨味や涼やかな酸を感じます。その場合は、透明感のある味わいなどと言えば伝わりやすいですよ。この秋田のお酒「一白水成《いっぱくすいせい》」はどうですか」

達 「これまでの3本より甘くて丸い感じ。色白の秋田美人の感じかな」

山 「そうそう、そんな風に自分なりのイメージで表現すればいいんです」

達 「わあ、楽しいっす、お次は東京美人のお酒、くらは〜い、ひくっ」

山 「飲みすぎよ！　今日のレッスンは打ち止め、勘さん、お茶漬けください！」

その4

実はいま、甘口がトレンド

いま甘口の日本酒が人気。「淡麗辛口な酒をください」と言って来るお客でも、何種類か試飲してもらうと、最も甘い酒を選ぶ人が増えていると、多くの居酒屋や酒販店の店主たちが言います。一方、市販の酒を調べた全国市販酒類調査（国税庁）によると、ここ10年で吟醸酒は＋《プラス》3・6から＋4・5へ、純米酒は＋2・6から＋4・2と辛くなっています。これをどう見ればいいのか検証してみましょう。

一九一一（明治四十四）年から開催されてきた全国新酒鑑評会は、二〇一二年で一〇〇回を迎えましたが、その出品酒（基本的には大吟醸酒）の分析結果を見ると、初期のころは日本酒度＋10を超える辛口でしたが、三八（昭和十三）年には－《マイナス》11・3の甘口になり、その後どんどん辛くなり、八四（昭和五十九）年の日本酒度は平均で＋5・6。この年から再び日本酒度は年々低くなって、二〇一〇年以降では＋3前後に下がっています。つまりここ三十年でみると徐々に甘くなっているということです。

「伯楽星」（宮城）蔵元の新澤巖夫さんが調べたデータも紹介しましょう。グルメ雑誌の月刊「ｄａｎｃｙｕ」（プレジデント社）では、毎年、日本酒の特集を発刊しています。私も約十五年間に渡って多くのページの執筆を担当してきましたが、二〇一〇年の年末に新澤さんの酒蔵《さかぐら》を訪ねた際、特集の巻頭ページで取り上げられる日本酒の糖度が、年々上がっていると指摘されました。

「特別純米や純米吟醸クラスの酒の糖分は、ここ数年の平均値では１００ミリリットルあたり１・３グラムから１・５グラムぐらい。十年前は１・０グラムぐらいでしたから確実に甘めの傾向になっています」と言うのです。

雑誌の試飲は、飲食店店主や酒販店店主、私のような酒の著述家など、酒に関しての経験は豊富ですが、好みを排除して試飲する冷徹な鑑定官とは違って、好き嫌いを表現してもいい立場のメンバーが行っています。毎年、掲載されるのは、メンバーが評価した点数を集計した上位だけ。一般的には辛口傾向ですが、日本酒好きの間では年々、甘めの酒が好まれるようになっているということなのでしょう。

もう一つ「仙台酒サミット」の例を挙げましょう。毎年七月、仙台市で開かれていることの会は、百五十社を越える全国の酒蔵や酒販店が出席し、持ち寄った市販する日本酒に、銘柄を隠して点数をつける有志による品評会ですが、十二年目を迎えた二〇一三年に最も高い点数がついたのは、「会津中将《あいづちゅうじょう》」純米吟醸　夢の香（鶴乃江酒造・福島県）。二〇一二

「会津中将」純米吟醸
夢の香
（鶴乃江酒造・福島県）
ライトタッチで、程よい甘さと酸のある、いまどきの味わい。夢の香　精米歩合55%。

年も上位に入っています。この酒は日本酒度＋3、酸度1・3の中口で酸もほどよい、ライトタッチの甘酸っぱい酒。また「雄《お》町《まち》」部門で最も高い点数を獲得したのは、「寫樂」純米吟醸　雄町（宮泉銘醸・福島県）で、期せずして、福島の酒が二冠でしたが、この酒も軽やかな甘みと酸が魅力的です。

こういったライトタッチの甘酸っぱいタイプとしては、ほかに「而今」（三重県）、「一白水成」「新政《あらまさ》　亜麻《あま》猫《ねこ》」（ともに秋田県）「賀茂金秀」（広島県）などがありますが、どのお酒も居酒屋でも非常に人気が高く、店頭に出したとたんに売り切れたり、予約販売にする酒販店もあるほど。軽い甘酸っぱさは、現代人が好む〝イマドキ〟の味なのです。

さらに、一口で甘いと感じる四段仕込みの甘い酒「ロ《ろ》万《まん》」（福島県）も人気が高く、デザートワインのように甘い、日本酒で仕込んだ貴醸酒も、注目されています。榎酒造（広島県）が造る「華鳩8年貯蔵」のように、これまではとろりとした琥珀色の長期貯蔵タイプが主流で、特殊な日本酒として一部のファンが愛好していましたが、近年、以前のタイプより軽やかなタイプが新登場。すっきり淡麗な酒造りで全国に知られる「八海山」（新潟県）や、「若鶴」（富山県）、「新政」（秋田県）など、著名な蔵元がフレッシュタイプを次々と発売しています。

純米仕込み貴醸酒「茜孔雀」（新政酒造・秋田県）
優しい甘みと果物のような酸がバランス良い軽快な甘口。食前、食中、食後に楽しめる。ソーダ割りも旨い！　平成24BYは日本酒度－18、酸度2.2。美山錦で精米歩合60％。平成25BYから初年度の名称に戻り、「陽乃鳥」と名称変更。

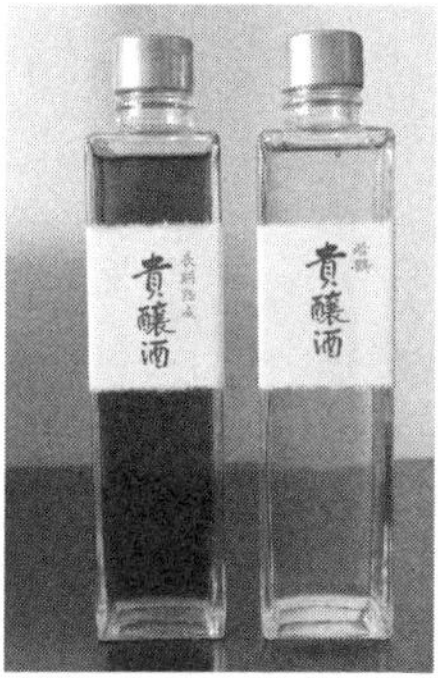

若鶴「貴醸酒」（若鶴酒造・富山県）
日本酒度－42の超甘口だが、酸が甘味を引き締めて爽やかなフレッシュタイプ（右）。琥珀色の長期熟成タイプは甘口タイプのシェリーのよう。アイスクリームにかけても美味（左）。ともに原料米は五百万石。

若鶴酒造取締役の松本俊さんは「それまでは貴醸酒といえば、長期熟成タイプがほとんどで、当社でも造ってきましたが、新酒タイプを発売したら驚くほど反応がいいんです。いまのお客さんは甘口のお酒をお好みなのでしょう」と話してくれました。

新政酒造蔵元の佐藤祐輔さんも、「甘い酒は個人的に好きなんです。ただし、長期熟成した重い味ではなくて、旨味が濃いけれど、軽い飲み心地のお酒を造りたかったんです」と言います。家業に就いて、新しいメンバーで酒造りを始めた初年度の二〇〇八年から軽いタイプの貴醸酒造りに取り組み始めました。前例もなく、なかなか思うような味にならず、失敗を繰り返しながら、毎年改良を重ねてきました。それまでの貴醸酒のイメージを覆す軽やかな甘口のお酒のうわさは、じわじわと口コミで広がっていき二〇一三年に出荷した生酒と火入れタイプの「茜孔雀」は、瞬く間に売り切れ状態になっている酒販店も多いと聞きます。

すっきりと辛い酒ファンの方。とろりと甘い酒や、甘くて酸っぱい酒にも注目してみてはいかがですか？　新たな日本酒の魅力に開眼するかもしれません。

その5
味は「酸」が決め手

日本酒の味わいにおいて、「酸」は大事なポイントです。酸が多い＝酸っぱい、と考えがちですが、必ずしもそうではありません。酸には、日本酒の味の骨格を造ったり、味を引き締める役割があります。酸が極端に少ないと、メリハリのない、味がぼやけた、キレの悪い酒になってしまいます。特に、肉や揚げ物など脂っこい料理と、酸が少ない酒は相性がよくありません。後口に料理の脂が残り、もたつく印象になってしまうのです。反対に、酸が多すぎると、くどくて重い酒になります。白身魚の刺身のような繊細な料理と合わせると、酒が勝ってしまって、魚の味がわからなくなります。こんなふうに酸は、日本酒の個性を決定づける重要な要素なのです。

日本酒に含まれる酸の総量を示した「酸度」という数値がありますが、酸度が高い酒は、一般的に濃くて辛い印象に、酸度が低い酒は、薄くて甘い印象になります。酸度の数値は年によって変化しますが、国税庁による全国集計（注1）では、市販される日本酒全体の平均が1・1〜1・5ぐらい。この数値より高いと濃醇、低いと淡麗ということになります。

また酸は、甘さ、辛さの感じ方にも関係してきます。そこで、酒の味が甘いか辛いかは、糖の量を表した日本酒度（p.26参照）だけではなく、酸度の数値を合わせて判断されます。なぜなら、日本酒度が同じ（糖の量が同じ）場合は、酸度が低い（酸が少ない）ほうが甘く、酸度が高い（酸が多い）ほうが辛く感じるので、ふたつの数値を掛け合わせて、その酒の味の傾向を見極めるのです。極端に言うならば、たっぷりとした甘味があっても、しっかりとした酸があれば、甘くは感じないで、濃くてすっきりと切れる「濃醇辛口」に感じるということです。これらの関係を図表で表したのが、左頁の「日本酒度と酸度による辛口・甘口・濃醇・淡麗分類図」です。

ただし、数字はあくまでも目安。さまざまな味の成分が微妙にからみあって、日本酒の味は形成されますし、味の感じ方は飲む人の個人差が大きいものです。自分の舌を信じることが第一です。

酸は量だけではなく、質にも注目してみましょう。日本酒の酸は、醸造する過程で、原料の米や麴《こうじ》、酵母《こうぼ》から派生する有機酸で、主なものに乳酸、コハク酸、リンゴ酸、クエン酸などがあります。これらの酸は、温度によって味の印象が変わるという特徴があります。

日本酒度と酸度による辛口・甘口・濃醇・淡麗分類図

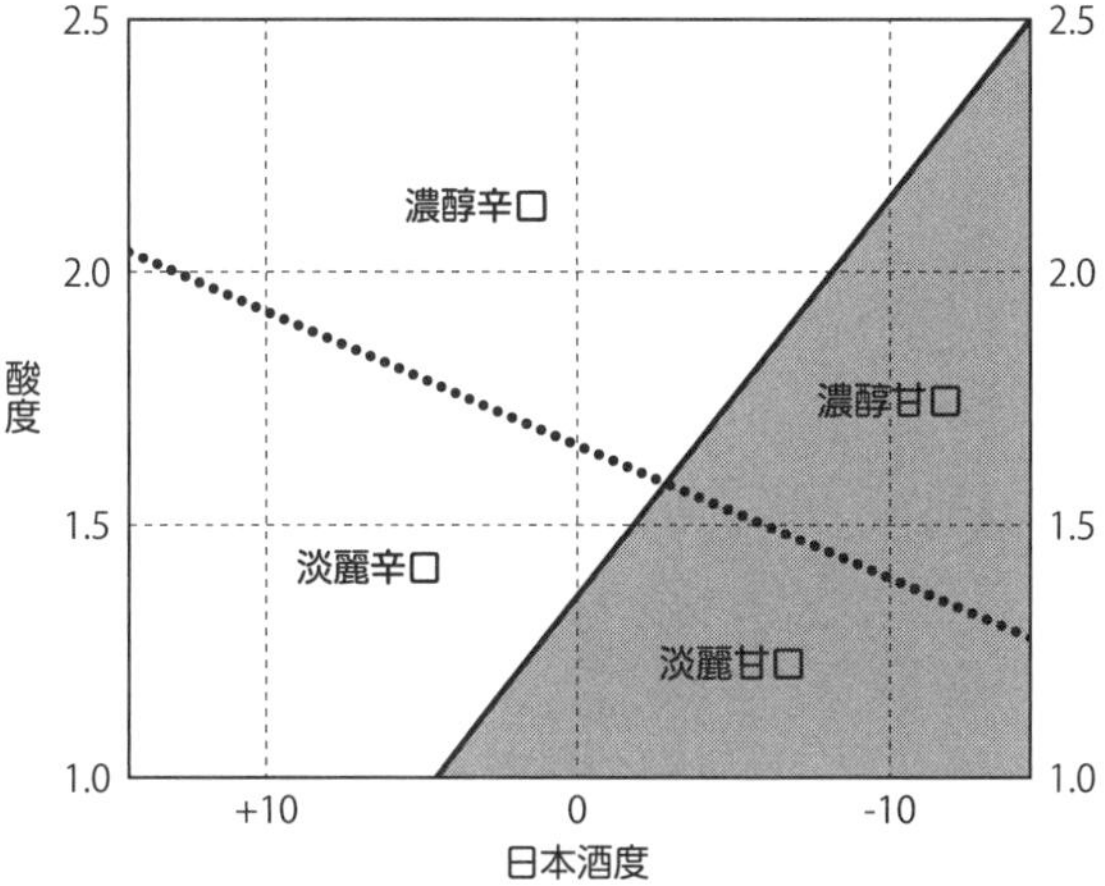

日本酒を飲んだときに甘い、辛いの印象は、酸の量に影響されます。その関係を図にしたものです。イメージとして捉えてください。

まず、乳酸。乳酸は生育中のもろみを健全に育て、酵母以外の菌が増殖するのを防ぐために重要な役割を担っている酸です。また乳酸は、温めるとまろやかで爽やかに、冷たい状態では刺激的な酸っぱさになります。

乳酸を多く持つ酒の代表に、山廃《やまはい》や生酛《きもと》造りの酒があります。これは醸造過程で乳酸を自然に生成させる方法で造った酒で、骨格がしっかりとした太い味が特徴ですが、冷やして飲むと、酸の刺激のあるトゲトゲとした印象になりがち。35〜37℃ぐらいのひと肌の燗にすると、ボリュームのある旨味と爽やかな酸のバランスがとれた、まろやかな美酒に変身することも多いのです。山廃や生酛の酒は、温めて味わうと真価が発揮されると覚えておくといいでしょう。

コハク酸は、乳酸と並んで日本酒に多く含まれる酸。それ自体が「旨味」成分で、貝の汁のような味わいで、日本酒にコクや、「押し味」とも言われる味の伸びや広がりを加えます。比較的幅広い温度帯で、ソフトな酸味を感じます。なお、日本酒には、魚介類の生臭みを除く効果があることが知られますが、これはコハク酸の作用であるとされています。

リンゴ酸はリンゴやブドウに、クエン酸はレモンなど果物に多く含まれる酸。シャープな味わいで、20℃以下の低い温度では、すっきりと爽やかな味わいですが、温度が上がると輪郭のはっきりとしないぼやけた酸味になってしまいます。こういった酸を特徴にしたものは、大吟醸や夏限定で出荷される酒に多くみられます。「夏吟」「夏純米」などとラベルに書いてあったら、冷やして飲むことをお薦めします。

（注1）平成23年度　全国市販酒類調査（平成25年2月国税庁）

その6

味わいの濃さとアミノ酸との関係

日本酒度、酸度、以外に、味の指標として、よく使われる数値がアミノ酸度です。アミノ酸とは、タンパク質を構成する要素のひとつです。日本酒に、アミノ酸が足りないと淡泊に、多いと味がくどく感じ、適度に含まれると、ふくよかな味になる、と言われています。このアミノ酸の量を数値化したものがアミノ酸度。日本酒のラベルに数値が書かれていることもあります。

一般的に、アミノ酸の数値が高い酒は濃く、低い酒はあっさりと感じられます。全国の平均は純米酒で1・48、吟醸酒では1・23（前頁注1）。吟醸酒の数値が低いのは、米を高度に精白することで、米の表面に多く含まれるタンパク質を除いているためです。大吟醸酒が、雑味のない綺麗な印象の酒になることが多いのは、アミノ酸度が低いからともいえるでしょう。ただし、実際の味わいは、日本酒度や総酸量など、トータルのバランスで決まります。あくまでも目安として知っておきましょう。

その7

香りの傾向と強弱を表現する

香りは、味わいの印象を決める大きな要素です。料理でも飲み物でも、鼻をつまんで食べたり、飲んだりしてみたら、ほとんど味は感じなくなります。ふだん、日本酒を飲みながら香りについて意識していない人も、気に入った酒に出会ったとき、あるいは嫌いな酒に出会ったときに、意識を集中して香りを感じとってみるといいでしょう。

私が日本酒に頻繁に感じられる香りは、リンゴ、バナナ、洋ナシ、メロン、マスカット、イチゴ、ヨーグルト、バター、チーズ、根菜類、穀類、シソ、ミント、檜《ひのき》、香水、濡れた石、蜂蜜、キノコ、ナッツ、チョコレート、焦げたパン、醤油、漬物……などがあります。

その香りは強いか弱いか。また、口に入れた瞬間、舌に乗せて味わっているとき、飲みこんだあとの余韻、それぞれ香りはどんな風に変化したか、自分なりの印象をメモする習慣をつけると良いでしょう。そして、次に酒を注文するときに、

「口に入れた瞬間、ぱっとメロンやパイナップルのような華やかな香りが弾けるお酒が好きです」

日本酒の香りの分類

清酒の香り

果物	アルコール・スパイス	木・草・緑	米・麹	酢	醤油・カラメル	たくあん
リンゴ	アルコール	杉・ひのき	米	酢	醤油	たくあん
バナナ	シナモン	草	麹	ヨーグルト	カラメル	ゆでた大根
洋なし	ミント	バラ	ふかした芋	チーズ	はちみつ	
メロン		大根おろし			杏仁	
パイン					コーヒー	
いちご						
みかん						

一般の人を対象にした実験で、日本酒を味わったときに感じ取った香りの要素を分類したものです。これらを参考に、身近な食品や果物、ハーブなどで香りを表現してみましょう。

（「清酒の品質評価語体系と消費者パネルによる清酒の香り評価の比較」日本味と匂い学会誌　(独) 酒類総合研究所　宇都宮仁ほか2006年）


「初めは香りは感じないけれど、飲んでいるうちに、ほんのりとバナナのような香りがしてくるお酒を前に飲んで気に入りました」

「香りはほとんど感じないお酒をください」

こんな風に具体的に香りについて表現するようにすれば、プロは薦めやすいのです。

プロが分析する香り「日本酒プロ向きのフレーバホイール」

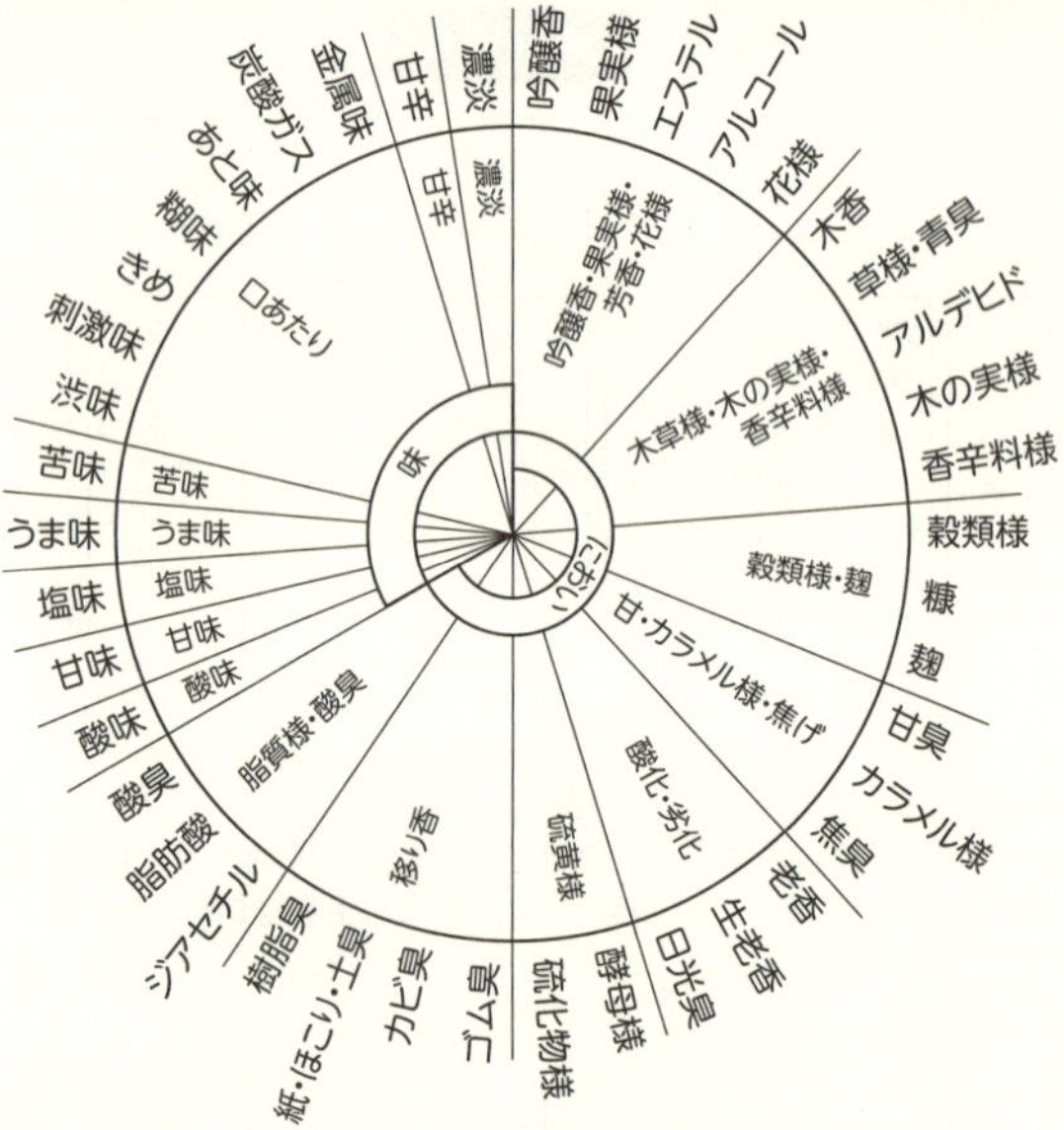

プロが日本酒の香りや味を表現する用語の関係を、わかりやすく表した表です。円の最上のところから匂い、味、口あたりの用語が配置されています。なおここでは42個の用語しか表していませんが、たとえば「果実様」には、さらに「バナナ、リンゴ、洋ナシ、イチゴ、柑橘」といった用語に分かれています。
（独立行政法人　酒類総合研究所　宇都宮仁ほか2006年）

その8
水の違いを味わう

水は、米と並ぶ日本酒の最も大切な原料です。複雑な醸造工程を経て日本酒は完成するので、仕込むときに使う水の味がそのまま酒の味になるわけではありません。でも、意識を集中して味わってみると、仕込み水の特徴が酒を飲んだときの印象に似ていることに気付くことがあります。

酒蔵では、米を洗う、漬けこんで米に水分を吸わせる、米を蒸す、できたお酒のアルコール度数を調整するために加水する、道具や蔵の中を洗う……等々、大量の水を使います。質の良い仕込み水が、ふんだんに使えるかどうかは、酒造りにおいては生命線ともいえる重要なことなのです。

では、酒造りに向く良い水とは、どんな水でしょう。汚染されていないということは大前提ですが、そのほか鉄や銅、マンガンなどは、酒に悪影響を与えると言われます。なかでも鉄分は酒に色がつくという点で酒造家から嫌われ、鉄分がほとんど含まれていないのが、仕込み水の理想とされています。

一方、カリウムやマグネシウム、リン酸、クロールなどは、微生物の栄養となるため、これらミネラル分をほどよく含む硬水《こうすい》は、発酵が進みます。結果、硬水で仕込むときりりと引き締まったキレのいい辛口の酒になると言われています。反対に、ミネラルの少ない軟水《なんすい》は発酵が遅く、糖分がゆっくりとアルコールに変わっていくので、口当たりが柔らかく、比較的甘口の酒ができる傾向があると言われています。

歴史的に有名な硬水は、兵庫県の灘の宮水《みやみず》です。江戸中期ごろ発見されたこの水で仕込んだ灘の酒は、発酵が進むため、アルコール度が高い辛口で、切れがよく、船に積んで江戸まで運んでも保存に耐えられたことから、「下り酒」として一世を風靡。現在でも灘地方は、日本酒の生産量で日本一を誇っています。硬度の低い軟水では、京都の伏見や広島が有名です。きめの細かい、優しい味の酒が多いとされる地域です。なお、硬水で仕込んだ酒を、その味わいの印象から男酒《おとこざけ》、軟水で仕込んだ酒を女酒《おんなざけ》と呼ぶこともあります。

お酒を飲んだ時、「これは硬水で仕込んだ酒だ」と感じるときがあります。酒を口に含んだときの舌触りや、味のニュアンス、飲んだあとの舌に残る感触で察知できるのです。世界保健機関（ＷＨＯ）の基準では、水のミネラル量を数字で表す硬度（アメリカ硬度）で0~60未満が軟水、60~１２０未満が中硬水、１２０以上が硬水ですが、日本の水はほとんどが軟水から中硬水なので、硬いときには違いが際立つのかもしれません。

たとえば、神奈川県の「いづみ橋」は、丹沢山系の伏流水で仕込んでいますが、その硬度はアメリカ硬度で140。日本では珍しい硬水で、お馴染みのミネラルウオーター「ボルヴィック」（約62の中硬水）より硬い値です。酒の味わいは、甘味を抑えた、引き締まった硬質な印象で、飲んだあとも舌に重みが残る感じがします。超硬水で知られるミネラルウオーター「コントレックス」（硬度1551）を冷やして飲んだあと味に、極端に言うと舌の両端にうっすらと苔が生えたような感覚を覚えるほどの重さを感じますが、その印象と似ていると言えば、感触をわかっていただけるでしょうか。ちなみに「いづみ橋」を燗にすると、重さはふっと消えて、締まった味の良さが生きます。熟成に耐える酒質だと思います。また山形県の「山形正宗」は奥羽山系の伏流水で仕込んでいて、硬度127。米の特徴を生かした旨味の幅はありながらも、水晶を思わせるようなクリアでシャープな印象で、舌の上を通ったあとに、自然塩をなめたときのような旨味が残ります。

これら硬水で仕込んだ日本酒は、ヨーロッパのワインを飲み慣れた人が好むことが多いように思います。「後味が、すっきりと気持ちいい」と感想を言うのです。それはヨーロッパの水には硬水が多いからではないでしょうか。ワインは、仕込むときに水を使いませんが、原料となる葡萄は地中深くから硬水を吸い上げて育っているため、ワインには硬水のニュアンスがあるのだと、私は推測しています。

　硬度による差だけではなく、仕込み水の味と酒の味わいのニュアンスが、驚くほど一致していると感じることもあります。たとえば、静岡県「喜《き》久《く》酔《よい》」の優しい味わいと、大井川水系南アルプスの伏流水。長野県「水尾」の清冽さと、水尾山の湧水。香川県「悦《よろこび》凱陣《がいじん》」のたっぷりとした味わいと、ぽっちゃりと味のある阿讃山脈を源流とする土器川と満濃池からの伏流水など。これらの酒蔵を訪問したときに、仕込み水を飲みながら、日本酒を味わっているような錯覚に陥ってしまいました。

　最近は、酒蔵の仕込み水を飲ませてくれる居酒屋もあります。機会があれば、仕込み水と、その蔵の酒の飲み比べをしてみるといいでしょう。水に注目してみると、その酒の新たな表情が見えてくるはずです。

清涼でやわらかい「十四代」（高木酒造・山形県）の仕込み水。葉山を水源とした地下水が百年を経て汲み上げられる。

その9　**記憶に頼らず記録する**

「あのとき飲んだ、あの酒、旨かったんです。確か白いラベルに黒い文字で純米吟醸と書いてありました」

いくら優れたアドバイザーがいる店でも、これでは「あの酒」を見つけ出すことはできません。私は気に入った日本酒に出会ったときは、ラベルの情報を記録するようにしています。覚えているつもりでいても、新たに飲んだ酒の情報で記憶は上書きされてしまうもの。記憶に頼らず、記録として保存して、味の感想も記しておけば、銘柄を覚えられるだけでなく、もう一度飲みたいと思ったときに役に立ちます。

私は自宅で飲むときは、表ラベルと裏ラベルをはがしてテイスティングノートに張り付けて保存しています。うまくはがせない場合は写真を撮ってプリントアウトしたり、メモします。居酒屋や試飲会などでは、気に入ったお酒だけ写真を撮ったり、メモを取るようにしています。記録するのは銘柄と純米や吟醸などの造り、できれば製造年、そして飲んだ日にちと、自分の感想です。これらの情報があれば、同じ酒に出会える可能性が高くなります。余裕があれば、米の品種や精米歩合なども記録するようにして、自分の好みを知るデータベースにしていきましょう。

ラベルは造り手の主張や姿勢を知る目安にもなります。裏ラベルに、データやお酒が誕生するまでの経緯や今後のビジョンなどについて、びっしりと文章を書き連ねる「新政」蔵元の佐藤祐輔さんは「飲み手に送る手紙のつもりで書いています」と話しています。一方で、米の品種や精米歩合などのデータを「非公開」としたり、瓶の裏にはラベルを張っていない場合もあります。飲み手が先入観を持ってしまうのを避けたいからという理由を挙げる蔵元もいます。ラベルを眺めたり、メモしながら、造り手の顔を思い浮かべるのも、日本酒を飲む楽しみなのです。

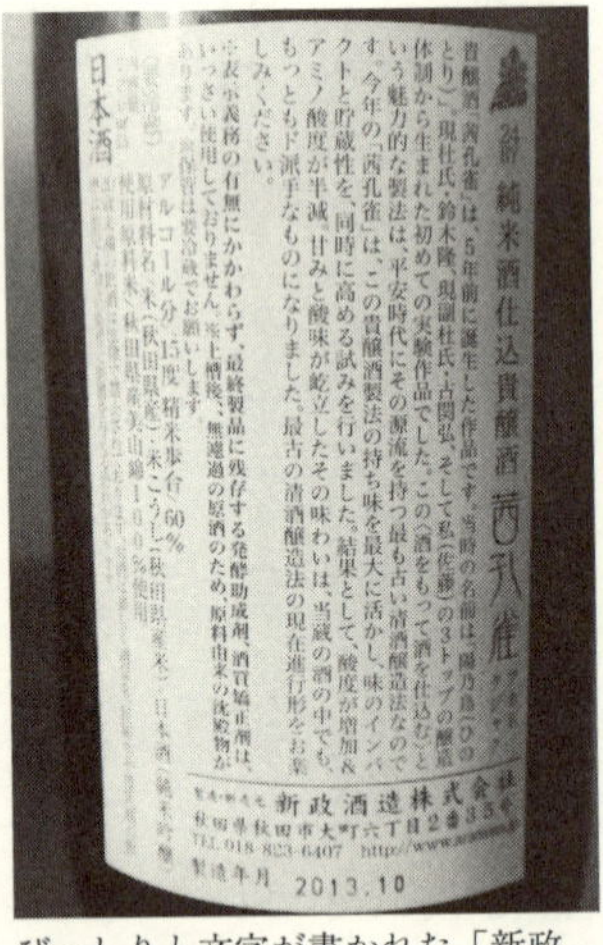

びっしりと文字が書かれた「新政 茜孔雀」の裏ラベル。「実験作品」で「当蔵の酒の中でもっともド派手」とある。

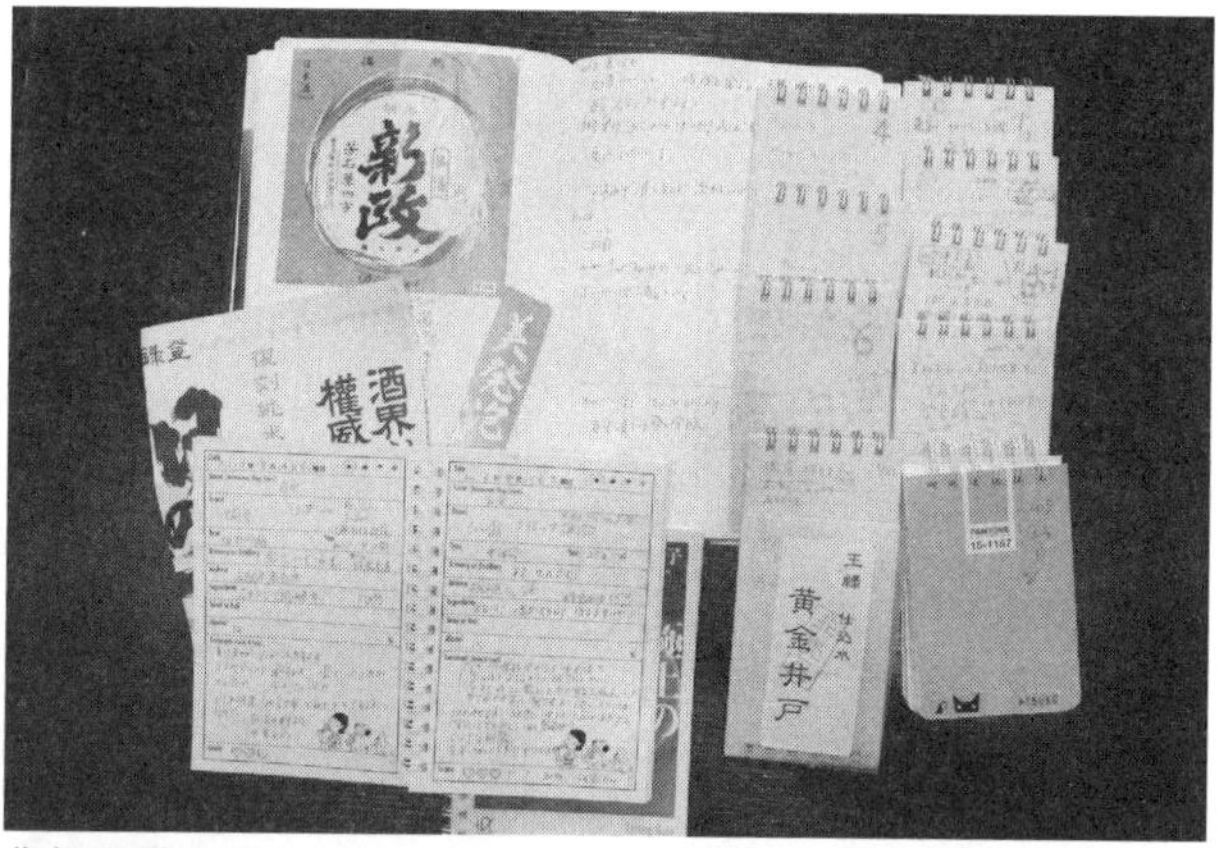

著者が記録しているノートの一部。ラベルやパンフレットなどもファイルしている。

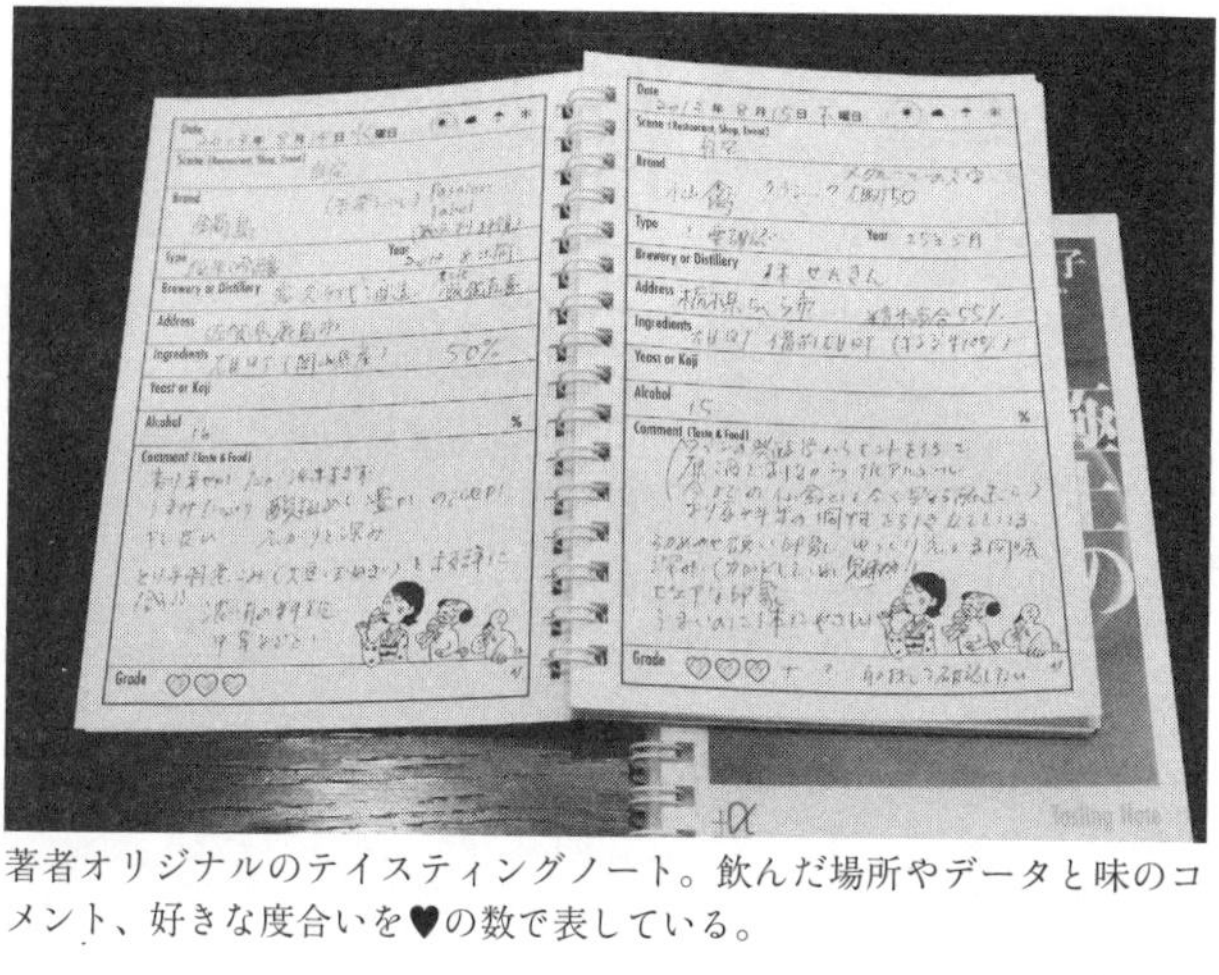

著者オリジナルのテイスティングノート。飲んだ場所やデータと味のコメント、好きな度合いを♥の数で表している。

飲む前に味を想像する

居酒屋や地酒専門の酒屋にずらりと並ぶ日本酒。いろいろありすぎて何を基準に選んだら良いのかわからないという声をよく聞きます。プロの助けを借りず味を予測する場合、頼りになるのはラベルに書かれた情報です。なかでも注目したいのは、「造り方」と「米」と「産地」。これは料理と考え方は同じです。たとえば初めて訪れた飲食店で、知らない料理名がメニューに載っていても、調理方法や材料が馴染みのあるものならば、おおよその味の見当はつきます。さらに「関西風」と書いてあれば、だしが効いていて薄口醤油で味付けしているだろう、「関東風」とあれば濃口醤油を使った濃い味だろうなどと、想像ができます。日本酒の場合も、調理方法＝酒の造り方と、食材＝原料米、それぞれ特徴がわかっていれば、飲む前にどんな味か、だいたい見当をつけることができます。地域別の傾向を知っていれば、さらに予測の精度が上がるはずです。

ただし、同じ料理でも料理人によって味や風味に大きな違いがあるように、日本酒の場合も造り手による差が大きいのも事実。予測を裏切られることもありますが、基本を知っていれば想像とのギャップを個性として捉えることができるのです。まずは覚えておきたい基礎的な用語を紹介しましょう。

その1　酒質を知る基本的な用語と味わい

日本酒は世界的にも珍しい高度なテクニックで造られたお酒です。製法は難解で、さまざまな専門用語があります。ラベルに書かれた数々の見慣れない言葉に、戸惑う人は多いことでしょう。それだけ日本酒の味わいが幅広く、しかも深遠だということです。好きな味に出会うためには、基本的な用語を知りましょう。

†原料と精米歩合による分類

まず、上質な日本酒の一つの指針となるのが、純米酒とか吟醸酒などといった「特定名称」のついた「特定名称酒」かどうか。「特定名称酒」は、国税庁が定めた要件を満たした日本酒のことで、●原料米は農産物検査法で3等以上に格付けされた玄米を使うこと。●醸造で使う白米に対して15％以上の量の米麹を使うこと。——が定められています。さらに醸造アルコールの添加量とその有無、精米歩合の違いなどで細かく規定が定められています。これらの規定に即さない、ごく一般的な日本酒は「普通酒」になります。

日本酒の種類(原料と精米歩合による分類)イメージ図

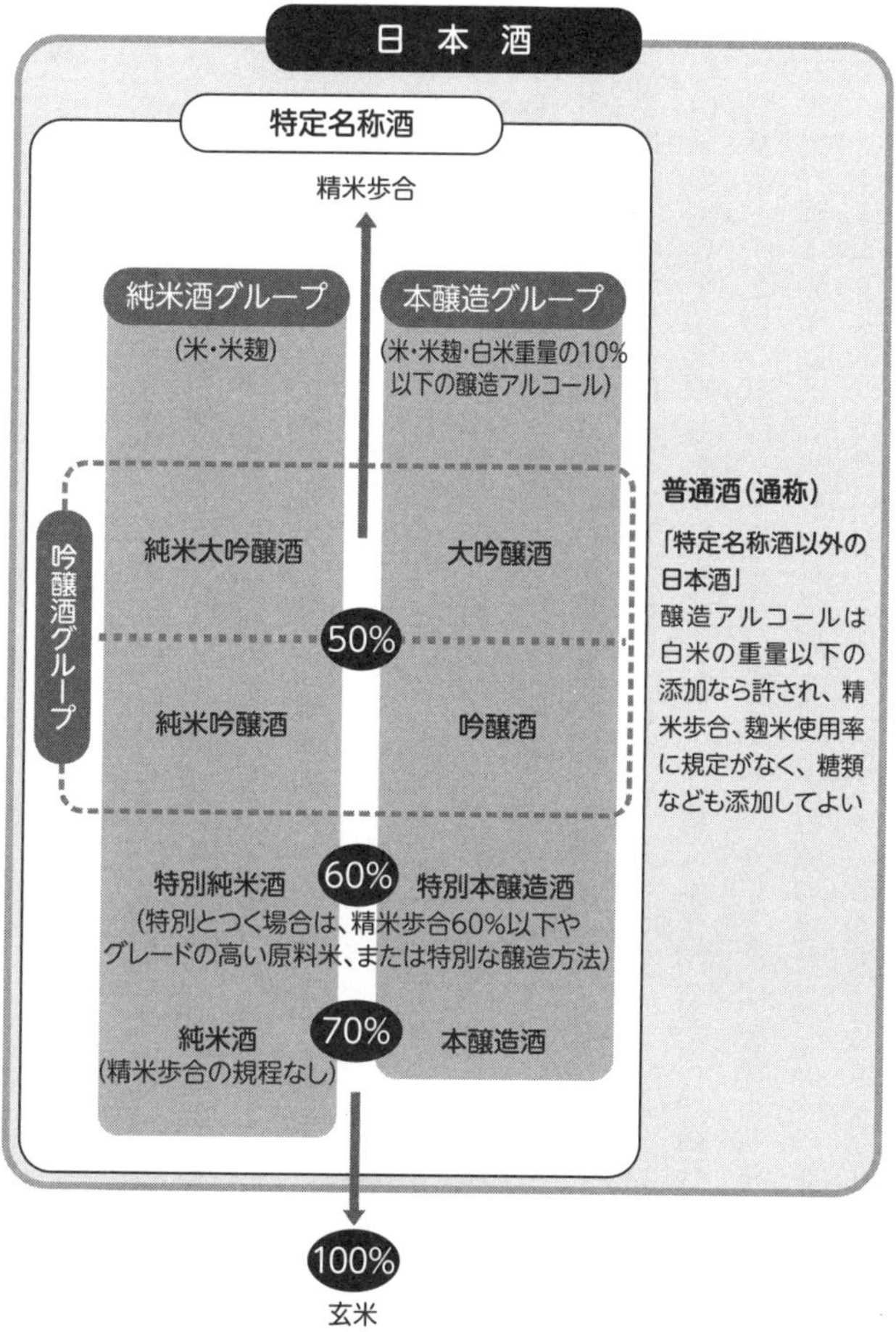
日本酒
特定名称酒
精米歩合
純米酒グループ
(米・米麹)
本醸造グループ
(米・米麹・白米重量の10%以下の醸造アルコール)
吟醸酒グループ
純米大吟醸酒
大吟醸酒
50%
純米吟醸酒
吟醸酒
特別純米酒
60%
特別本醸造酒
(特別とつく場合は、精米歩合60%以下やグレードの高い原料米、または特別な醸造方法)
純米酒
(精米歩合の規程なし)
70%
本醸造酒
100%
玄米
普通酒(通称)
「特定名称酒以外の日本酒」
醸造アルコールは白米の重量以下の添加なら許され、精米歩合、麹米使用率に規定がなく、糖類なども添加してよい

†特定名称酒

原料や精米歩合などの3つの要件によって3つのグループに分けられます。

1つ目の要件は、原料として米と米麹のほかに、**醸造アルコールを加えるか否か**。加えない純米酒《じゅんまいしゅ》グループと、規定以下の分量を加える本醸造グループに大分類されます。

このうち、近年の日本酒人気を支えているのは純米酒グループ。多くの蔵元が力を入れ、製造するすべてを醸造アルコールを添加しない純米に切り替える蔵元も増えています。

2つ目の要件は、**吟醸造りをしているか**どうか。吟醸造りとは、吟味して醸造することを意味し、原料の玄米から多くの糠を削り落として小さくなった白米を、低温でゆっくり発酵させる造り方です。特有な吟醸香を持っているお酒が多いのですが、香りはあまり出さない造り方をすることもあります。吟醸造りした酒は吟醸酒グループに分類されます。

3つ目の要件は、**精米歩合による分類**。精米とは玄米を削って糠として削り落とすことで、残った白米の割合を精米歩合といいます。たとえば精米歩合70%という場合は、30%を糠として削り落とすという意味。本醸造酒は精米歩合70%以下、吟醸酒と称するためには60%以下、大吟醸は50%以下と決められています。大吟醸の場合は、玄米の半分以上を糠として除かなければならないので、酒を造るためには多くの玄米が必要となり、原価率は上がります。アルコール添加を許されない純米大吟醸なら、さらにコストは上がるため、酒は必然的に高価になります。日本酒に力を入れている居酒屋などでは、精米歩合70%〜50%ぐらいがコストパフォーマンスの観点から人気を集めています。

それぞれどんな味わいなのか、イメージすることからスタートしましょう。なお、これらの分類は製法の違いであり、優劣ではありません。原価率が高いからといって必ずしも美味しいとは限らないのです。実際に飲んで、自分の舌で見分けることが肝心です。

純米酒

米と米麹、水を原料に造った酒。味わいのイメージは、ふっくらと炊いた白いご飯。

オールドファンの方々は、純米酒に対して、ずしんと重くて、雑味のある酒だというイメージを持っているかもしれません。でもそれは過去のこと。質のいい原料を使って、高い技術で造った現代の純米酒は、旨味はあるけれど軽やかで、洗練された印象になっています。白いご飯が、どんな料理の味も引き立てるように、純米酒は幅広い料理に合うタイプが目白押し。多くのファンが愛飲しています。

なお、純米酒と名乗るために、精米歩合の規定はありません。精米歩合80%など、米をあまり磨かずに醸した低精白タイプの純米酒も出回り、人気を集めています。

特別純米酒《とくべつじゅんまいしゅ》

「特別」とつくのは、精米歩合が60％以下であったり、農薬を控えた特別栽培米であったり、特別な醸造方法であるなど、**米や製法に工夫がある純米酒のこと。**造り手によって基準が違います。**ちょっと上のクラスの純米酒**だと考えればいいでしょう。

なお、現在、特別純米酒は、蔵元《くらもと》が基幹商品として設定する場合が多く、その蔵の単品の売り上げでナンバーワンという例が増えつつあります。コストパフォーマンスも良いことから、日本酒ファンからも支持を集めています。

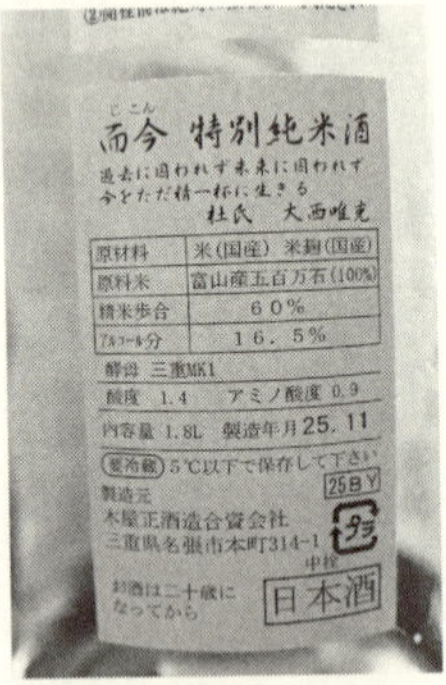

「而今」特別純米の裏ラベル。原料米や精米歩合、アルコール度、酵母、酸度、アミノ酸度などが記されている。

本醸造酒《ほんじょうぞうしゅ》

米と米麹、水に、少量（使用する白米重量の10％以下）の醸造アルコールを加えて造った酒。軽快な味わいで、のど越しすっきり、爽快な印象。精米歩合は70％以下と決められています。

あっさりと軽やかな味わいで、すいすいと喉の滑りがよいのが魅力です。燗にすると、さらにキリリと引き締まって、塩辛い珍味などと合わせて飲むときに、ぴったりはまるタイプも多くあります。米の旨味をあまり感じないタイプが好きな方には、本醸造酒をお薦めします。

特別本醸造酒《とくべつほんじょうぞうしゅ》

「特別」とつくのは、精米歩合が60％以下であったり、農薬を控えた特別栽培米であったり、特別な醸造方法であるなど、米や製法に工夫がある本醸造酒のこと。造り手によって基準が違います。**ちょっと上のクラスの本醸造酒**だと考えればいいでしょう。高級な酒米、山田錦を使った特別本醸造もあります。本醸造と同様、すっきりとした喉越しを特徴とするものが多く、同じ造り手で比べた場合は、本醸造より洗練された印象です。

吟醸酒《ぎんじょうしゅ》

米を60％以下まで精米し（40％以上を糠として削り落とし）、低温発酵で、本醸造と同様、醸造アルコールを少量加えて造る（通称・アル添吟醸）。香り華やかで、味わいは繊細、洗練されたイメージ。

米の表面にある酒の味に濁りや重さをもたらす要素を除いているので透明感のある、すっきり軽快な味わいです。また低温で長期間発酵させることにより、上立ち香に華やかな香りが漂います。香りの強弱や傾向（バナナ、リンゴ、パイナップル、植物系など）は、使う酵母や造り方で異なります。

大吟醸酒《だいぎんじょうしゅ》

「吟醸酒」よりさらに米を精白し、米を精米歩合50％以下に削って造ったお酒。吟醸酒より一層、味は繊細で洗練され、フルーティな香りはさらに強くなります。原料の米を磨き、大量に糠として取り除くので、米の量に対して製造できる酒の数量は少なくなり、結果として価格は高くなります。全国新酒鑑評会をはじめとした品評会の出品は、これまで主に大吟醸で行われてきました。

「吟醸」と「大吟醸」は、本醸造と同様に、少量の醸造アルコールを加えて造っています。アルコール添加した本醸造グループの「吟醸酒」「大吟醸酒」と、純米タイプの「純米吟醸酒」や「純米大吟醸」を、同じ造り手で比較すると、アルコール添加したタイプのほうが、味わいは軽く、香りは華やかに立つ傾向にあります。

純米吟醸酒《じゅんまいぎんじょうしゅ》

「純米酒」と同じく、原料は米と米麹、水が原料ですが、米を60％以下まで精米し、「吟醸酒」と同様に、低温で長期間発酵して吟醸造りしています。味わいは、ふっくら炊いたご飯（純米）と、洗練された味わい（吟醸）、このふたつを合わせたイメージです。

吟醸と名はつきますが、最近の造り方では、あまり吟醸香を出さない造りにする傾向にあります。幅広いシーンで楽しめるタイプが多いことから、純米酒や特別純米と並んで多くの日本酒ファンに支持され、売り上げを伸ばしている蔵元が多くあります。いま最も注目されるカテゴリーの一つと言っていいでしょう。

純米大吟醸酒《じゅんまいだいぎんじょうしゅ》

「純米吟醸」と同じ吟醸造りで、アルコールを添加しない純米造りで、米を精米歩合50%以下に削って造ったお酒。純米吟醸をさらに洗練させた味わいで、香りも高く、余韻も長い。アルコール添加をした大吟醸酒と比べると、ふっくらとして、艶のあるイメージです。

原価にコストがかかり、手間もかかっているので、値段も高価です。長年熟成させた古酒など特殊なものを除けば、それぞれの酒蔵《さかぐら》の最高級品です。

✝普通酒《ふつうしゅ》

これまで紹介した**「特定名称酒」の分類には入らない日本酒のこと**を指します。特定名称酒とは、農産物検査で3等以上に格付けされた玄米を使うこと、醸造で使う白米に対して15%以上の量の米麹を使うことと定められていますが、「普通酒」には規定はありません。また、特定名称酒の場合は、醸造アルコールを使う場合はアルコール重量が白米の10%以下であると定められていますが、「普通酒」では、使用する白米の重量を超えない量の添加は許されていますし、糖分や酸味料、アミノ酸などで調味するのも許されています。

ただし、普通酒とは慣例で呼ばれる通称であって、表示はありません。表ラベルにも裏ラベルにも「純米」「吟醸」「本醸造」という文字がなく、「清酒」または「日本酒」という表示があれば、普通酒だと考えていいでしょう。

オーソドックスな昔の日本酒らしい味わい。輪郭がやや茫洋として、後味が重い印象を持つこともあるものの、安価で、地方色が残っていることが多いことから、オールドファンに支持されています。現在、日本で最も多く出回っている日本酒は普通酒ですが、年々製造量は減少し続け、特に近年では激減。銘酒居酒屋や地酒専門店では、扱っていない店も増えています。

達人指南　普通酒のなぞ

㊦「普通酒ってどんなお酒なんですか？　ラベルにも表示がないし、わかりにくいなぁ。この店には置いてないんでしょう？　ほかの銘酒居酒屋でも置いてない場合も増えているというのに、なぜ普通酒なんて言うのですか」

㊥「特定名称酒に対して、普通に出回っているお酒、という意味合いで名付けられました。もともと日本酒は米と米麹と水で造られた、いわゆる純米造りでしたが、戦中戦後の米不足の頃に、醸造アルコールをたくさん入れて、味が薄くなってしまったのを補うために甘味料などで味付けしたお酒が造られました。その後も、そういった日本酒のほうが一般的になりました」

㊦「その頃も普通酒と言っていたの？」

㊥「いいえ、日本酒はそれが一般的で、区別するものがないので普通酒という言葉はありませんでした」

㊍「古い話は、俺が助っ人しよう。長い間、日本ではアルコール飲料といえば日本酒だったんだ。いまでこそ身近なビールだって、めったに飲めない高級品だったんだから。だか

ら、日本酒ともいわず、サケとか、清酒と言ってたんだ」
㊦「じゃあ、お爺ちゃんが飲んでいたお酒も、今で言う普通酒なのかな。2級酒が旨いとか言っていたような気がするけど……」
㊤「そうだと思いますよ。普段は2級を飲んで、お正月には1級、贈答には特級、なんて区別をする家庭が多かったとか」
㊞「当時の日本酒は、原料や造りによる分類ではなく、アルコール度数と酒類審議会による審査によって、特級、1級、2級と分けられていたんだよ。2級酒は審査の対象外で、酒税が安かったから一般家庭では好まれる傾向だったんだ。地酒もたいてい2級酒だったね。一定量以上を造っていないと審査を受けられなかったから、販売力の弱い中小の蔵元は、価格の安い2級酒をメインにせざるを得ない事情もあったんだ。一九七〇年代ごろになって、本物の日本酒とは何かという動きが出てきて、アルコールを添加しない、いまでいう純米酒を造る蔵も出てきた。「無添加酒」とか、「純粋清酒」なんて言ってね。アルコール添加の量を抑えた本醸造も登場してきたんだ」
㊤「一九八〇年代ごろから、それまで鑑評会用に特別に造られていた大吟醸酒も、市販されるようになりましたが、審査を受けずに2級で発売して「無鑑査酒」などと銘打って売られる例もありましたね」

達「え？　大吟醸酒が一番下のクラスの2級っていうこと？」

勘「そうなんだ。当時は、特級、1級、2級という分類しかなかったからね」

山「吟醸酒や純米酒などが出回るようになってくると、課税のためではなく、品質で分類する言葉はないのかという声があがってきたんです。そこで国は一九九〇年に純米酒、本醸造酒、吟醸酒など8種類の「特定名称酒」に関するガイドラインを定めました（注1）。さらに一九九二年には完全に級別も廃止され、日本酒の酒税は2級より高く、1級より安い程度に統一されることになったんです」

達「そうかあ。原料や造り方にこだわった純米酒とか吟醸酒などが登場したから、それまでフツウに売られていた日本酒を「普通酒」と呼ぶようにしたんだね」

勘「そういう訳。級別はなくなっても、普通酒を愛飲してきたファンのために、昔の特級を特撰、一級を上撰、2級を佳撰などという分類をしている蔵もあるよ。ただ、この区別は各蔵が独自に行っているので、特撰は本醸造と同じ造りで、上撰は本醸造よりアルコール添加は多いけど糖類の調味はしない、佳撰は糖類も添加しているとか、蔵によって規格は違うようだけどね」

山「現在でも普通酒は生産量の70％ほどを占めているので、その意味では普通のお酒なんです。でも年々消費量も生産量も急激に減っていて毎年前年割れしています。それに対して特定名称酒は伸びているんですよ。たとえば最新の統計では（注2）、全国平均で普通酒は前年対比で93・8%と減っているのに対し、吟醸酒は106・5%、純米吟醸酒は108・1%、純米酒は101・6%と伸びています。純米造りが、いまの日本酒人気を支えているということは言えるでしょうね」

勘「本醸造酒も、店によっては好調のようだよ」

山「そうですね。本醸造は全国平均では95・7%と前年割れですが、東京都では105・6%、北海道では111・3%と伸びている地域もあるんです」

達「全体として品質志向になっているということなんですね」

勘「そうだよ、たっちゃんは飛び切り旨い日本酒が飲めるいい時代に生まれたんだよ。今後、帰省するときは土産に旨い酒、買って帰りなよ」

達「前に吟醸酒を買って帰ったら、こんなもん爺ちゃんはサケじゃねえって」

山「普通酒に慣れたオールドファンには、吟醸は物足りないのかもしれませんね。私は普通酒を飲んだあと口に残るどんよりとした甘さが苦手ですが……」

勘「人の好みはいろいろってことだな」

注1　「清酒の製法品質表示基準」国税庁による告示
注2　日本酒造組合中央会調べ（平成24年7月〜平成25年6月）

その2　**醸造に関する用語と味わい**

原料となる米や水、気候風土など日本酒の味を構成する要素はさまざまありますが、同じ原料を使っても醸造の仕方によって大きく味わいは変わります。なかでも、蒸した米と麹、水を混合したもののなかで酵母《こうぼ》を培養する「酛《もと》」は、文字通り「酒の元」であり、またの名を「酒母《しゅぼ》」、「酒の母」というだけに酒の母胎となるもの。味わいの骨格を形成するものと考えていいでしょう。

酛造りで大切なのは、アルコールを生み出す微生物「清酒酵母」を、ほかの雑菌に負けることなく、強く、健やかに、そして大量に育成することです。このとき、雑菌から酵母を守る役割をしてくれるのが「乳酸」です。酛造りは、乳酸の扱い方によって、大きくいって3通りがあり、その方法次第で、できた日本酒の風味や味わいなどが大きく変わってくるのです。

速醸酛《そくじょうもと》

現在の酒造りでは主流となっている手法。蒸した米と麴、水を混合したものに、最初に市販の醸造用乳酸を加える方法です。約10日～2週間ほどの短期間で酛（酒母）を育成することができます。市販されている日本酒のほとんどが速醸なので、ラベルに記載はありません。「山廃」「生酛」という記載がない場合は、速醸だと思っていいでしょう。

生酛《きもと》

酒蔵の大気中に浮遊する乳酸菌を取り込むことで、天然の乳酸を育てる方法。江戸時代に完成された伝統的な技術です。1カ月～40日ほどかけてゆっくりと発酵させます。じっくりと育つのを待つため、「育て酛」という言い方もあります。

「酛すり」または「山おろし」といって、櫂棒で米を粥のような状態に擦りつぶす重労働を伴ったり、微妙な温度調整が必要です。酒母の育成に時間はかかりますが、その間、いろいろな微生物が淘汰を繰り返しながら、純粋酵母を育成するので、**酸の利いた複雑で締まった味**になります。冷やして飲むと、酸がやや浮きがちな場合もありますが、温度を上げると旨味と酸のバランスが取れ、燗映えするタイプが多いのも特徴です。

手間はかかりますが、じっくりと純粋酵母を育てていく伝統的な方法であることから、近年見直され、「スタンダードな技術として、どの酒蔵でも行えるようになるべき」（久保本家・杜氏の加藤克則さん)、「決して古くさい方法ではなく、合理的で進化した技」(松瀬酒造・杜氏の石田敬三さん) という考えの元で、意欲的に取り組む造り手も登場しています。「山廃はどっしりと骨太な味わいが特徴ですが、生酛は巧く造ると、緻密な味わいでありながらも、山廃よりもすっきりとキレの良い酒質になる」(泉橋酒造・蔵元の橋場友一さん) という声もあります。

日本酒しかアルコール飲料がなかった時代は、量を造ることが製造者の命題だったため、失敗なく、かつ効率的に大量に製造できる速醸が主流となっていったのでしょう。しかしワインや焼酎、ウイスキー、クラフトビールなど魅力的な酒類が身近にある現代では、日本酒に求められるのは量より質、飲んで感動する深みのある味わいなのかもしれません。

山廃酛《やまはいもと》

生酛造りと同じく、空気中の**乳酸菌を取り込む方法**ですが、生酛で行う「酛すり」(「山おろし」) の作業は行わないため、「山おろし廃止酛」と呼ばれ、これを略して「山廃酛」と言われるようになりました。**旨味や酸味、渋みなど、さまざまな要素が絡み合う濃醇で複雑な味わい**です。冷やして飲むとゴツゴツとした印象の場合が多いのですが、温度を上げると旨味と酸のバランスが取れ、滑らかになり燗映えするタイプが多いのも特徴です。

山廃酛は、明治四十二年に、山おろしの作業を省略しても乳酸菌が繁殖することがわかったことから考案された比較的新しい技術です。作業の手間も省力化できて、作業面積も少なくて済むことから取り入れられましたが、同じく明治末期に考案された「速醸」は「山廃」「生酛」より、短時間で酒を造ることができる技術でした。そこで大量生産時代に向けて、「速醸」は主流になっていったのです。

近年は、生酛と同様に見直される傾向で、若い造り手も積極的に取り組むようになっています。その結果、米の旨味と豊かな酸の味わいを備えながら、高精白の米を使い、吟醸造りも取り入れた現代的なテイストの軽やかな山廃造りの酒も登場しています。

造り別　香りと味わいイメージ図

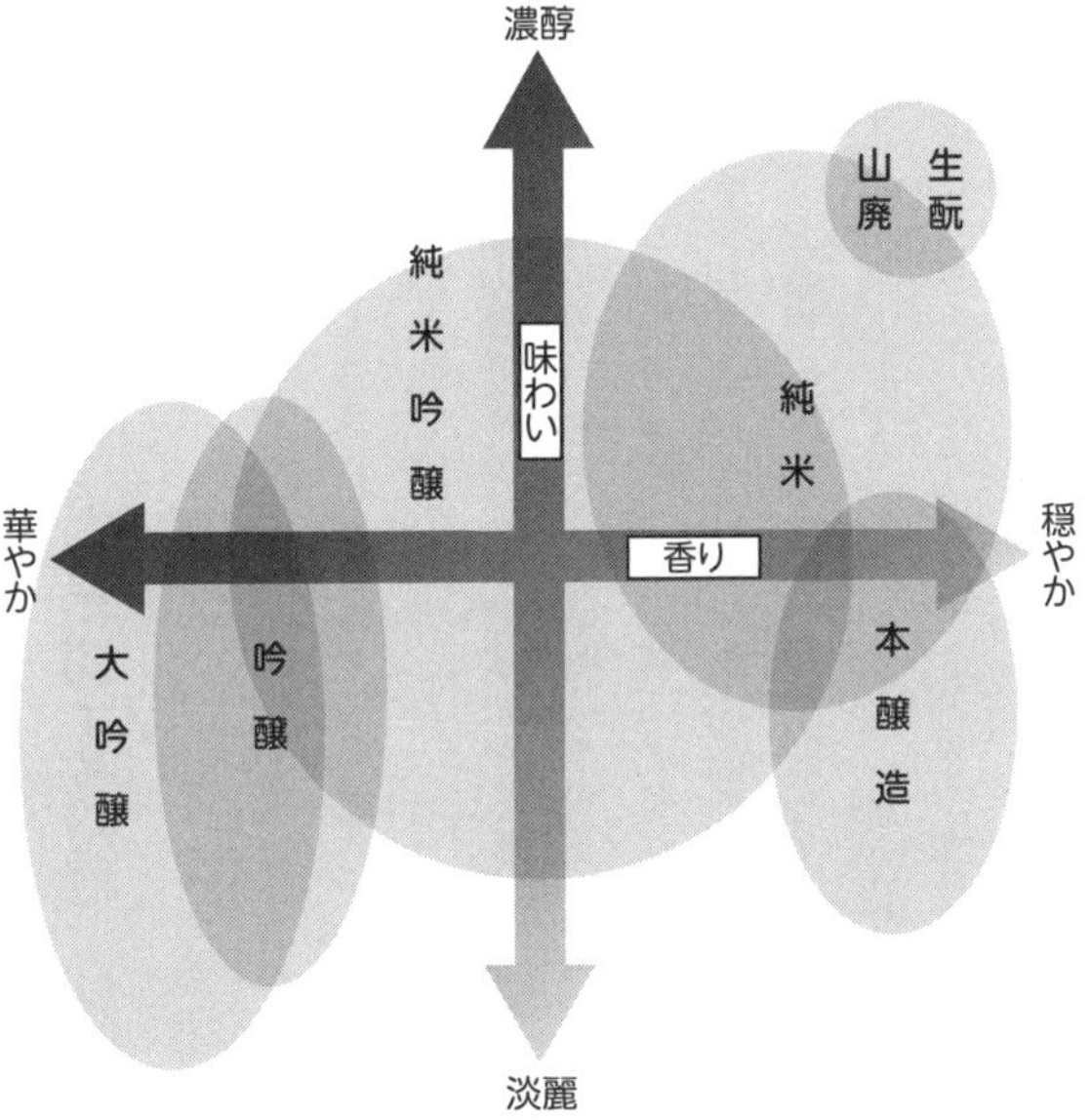

※実際は個々の酒により異なります。
あくまでもイメージとしてとらえてください。

その3　搾りと濾過など醸造後に関する用語と味わい

日本酒造りのクライマックスは、搾《しぼ》りの工程です。搾りとは、発酵したもろみを袋などに入れて濾し、酒粕《さけかす》と液体に分けること。ここで得られた液体が日本酒（清酒）です。ちなみに、もろみを濾さないどろりとした「どぶろく」は、酒税法上で日本酒とは別のものです。搾りは、酒の鮮度やタイプを決定する大切な工程で、様々な方法で行われています。搾ったあとは通常、フィルターや活性炭を使って濾過《ろか》をして澄んだ液体にしますが、そのときも様々な手法があります。また搾った後のお酒は、一般的には加水をして、アルコール度数を下げますが、それを行わず、原酒で出荷する場合もあります。

これらの搾りや濾過の手法をラベルに記している場合もあります。ただし、手法に関する用語は職人が慣例として使っていたり、蔵元による造語もあり、税法上の規定ではありません。厳密に言うと、同じ言葉でも各々が異なる意味合いで使っていることもありますし、同じ手法を違う言葉で表していることもあります。味わいのイメージを知るための参考として捉えてください。

用語の意味を理解するために、酒の搾り方の基礎を知っておくと良いでしょう。搾る方式には大きく分けて3タイプがあります。

1つ目は、現在、主流のフィルター方式の自働圧搾機で、メーカー名をとって、通称「ヤブタ」と言われているタイプ。大型のアコーディオンのような形の機械の中に、もろみを注入し、油圧で左右に圧搾すると、数十枚のフィルターで濾された清酒が流れ出てくるしくみ。フィルターには、濾しとられた固形分が「酒粕《さけかす》」として残ります。

フィルター方式の自働圧搾機（通称ヤブタ）。油圧で左右に圧搾すると数十枚のフィルターで濾された清酒が流れ出てくる。

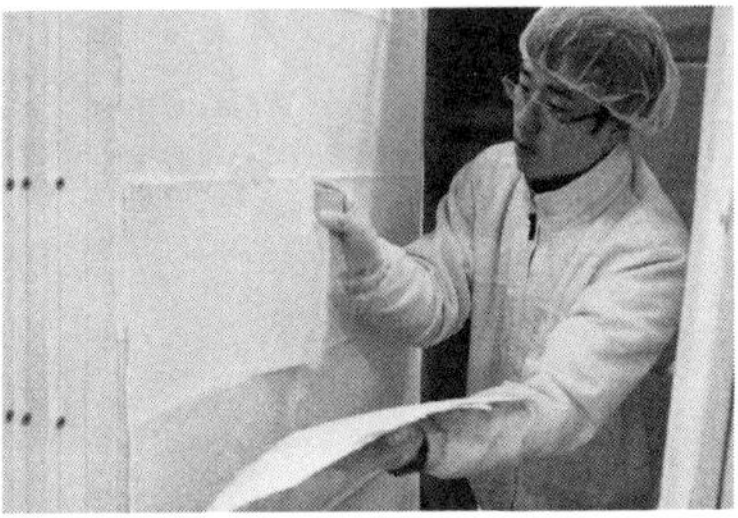

酒を搾ったあとは、フィルターとフィルターの間に酒粕が残る。写真は酒粕をはぎ取る作業（2枚とも「獺祭」旭酒造にて撮影）。

槽の搾り作業。まず酒袋に、もろみを注ぎいれる。

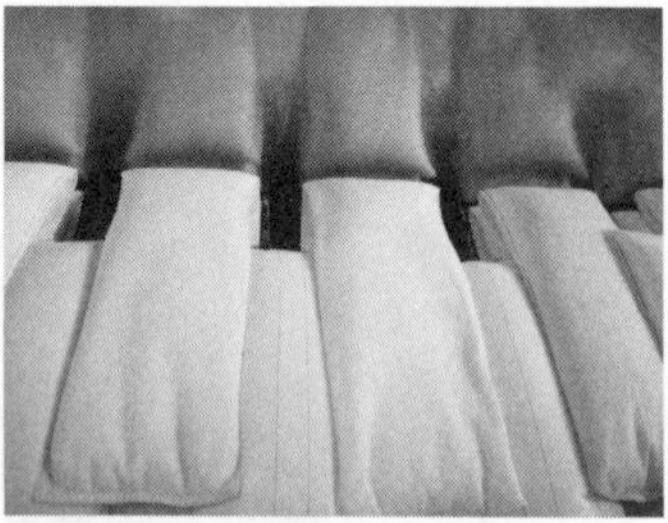

もろみの入った酒袋を、槽に並べる（２枚とも「天の戸」浅舞酒造にて撮影）。

上から圧搾すると清酒が流れ出る。全体の形がフネに似ていることから槽という（「山形正宗」水戸部酒造にて撮影）。

２つ目は伝統的な方式の「槽《ふね》」。もろみを注入した酒袋を槽のなかに並べ、上から力をかけると、下から清酒が出てきて、袋に酒粕がたまるというしくみになっています。酒を搾ることを専門用語では「上槽《じょうそう》」と言いますが、それは「槽」を使うことから由来しています。

３つ目は、「袋吊《ふくろづ》り」で、もろみを酒袋に入れて、袋の口を紐などで縛って、上から下げて、圧力をかけずにポタポタと滴り落ちる酒を集めるという方式（p．80の写真参照）。大変な手間と時間がかかるので、大吟醸や出品酒など、限られた場合だけ用います。

荒走り《あらばしり》

酒を搾った際に、最初に出てくる酒のこと。**やや白く濁り、味わいは荒いけれど、躍動感があるお酒です。**通常は、その後に出てくる中取りなどとブレンドして出荷しますが、晩秋から初冬の酒造期の初めに、この部分だけを分けて、新酒の荒走りとして生のまま出荷する場合もあります。または「槽口《ふなくち》」「亀口《かめくち》」（ともに酒を搾る槽の注ぎ口のことを指す言葉）と称する蔵元もあります。

中取《なかど》り

搾り機に少し圧力をかけ、最も安定した中ほどの部分の酒。**味わいは上質で滑らかなイメージ。**「中汲《なかぐ》み」、「中垂《なかだ》れ」とも呼びます。

攻《せ》め

搾り機で圧力をかけて搾りきった部分の酒。通常は市販せず、中取りなどとブレンドして出荷しますが、ごく少量、限定品で市販されることもあります。

「仙禽」（せんきん・栃木県）では、同じ直汲み酒の「あらばしり」「中取り」「せめ」3本を初搾り限定で発売。

槽《ふな》しぼり

酒を搾るときに「槽」を使って搾っているという意味。

直汲《じかぐ》み、槽汲《ふなぐ》み

搾ってすぐに瓶詰めしたお酒。おりを落とさないのでわずかに白く濁り、微発泡している場合が多くあります。搾りたてのピチピチとした躍動感が楽しめます。

雫酒《しずくざけ》、袋吊《ふくろづ》り

通常、もろみを袋に詰めて圧力をかけて搾るところ、ポタポタ落ちてくる雫を集めた酒のこと。雑味のない極めてなめらかな味わいです。純米大吟醸など、高価な酒を造る場合にこの方法で搾り、斗瓶《とびん》（1斗＝一升瓶10本分、18リットル入るガラスの瓶）などに入れて別に保存し、「雫取《しずくど》り」「斗瓶囲《とびんがこ》い」などと称して限定販売されることもあります。

にごり酒

目の粗い網や濾布などで濾すことで、**白濁したまま出荷した日本酒**の総称。もろみを濾

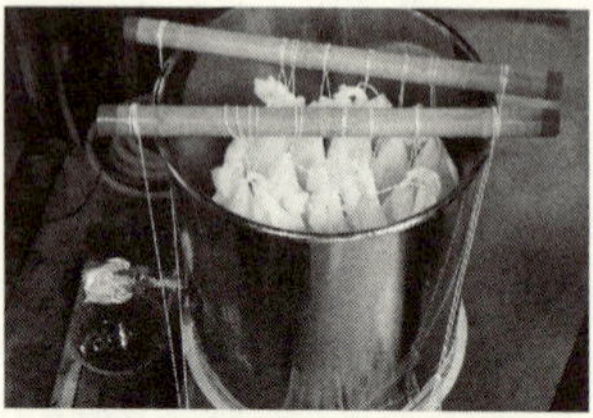

圧力をかけずに吊り下げてポタポタ落ちてくる雫を集める「袋吊り」。

一斗が入る透明な「斗瓶」（ともに写真提供「而今」木屋正酒造）。

しているので、どぶろくのように米粒が残ったり、**どろどろとした感触ではなく、喉越しは滑らか。**

うすにごり、おりがらみ、活性にごり

にごり酒と同様の濾し方をしたり、濾した清酒に、ごく少量の「おり」（清酒をしばらく置くと底に溜まる、もろみのにごった部分）を加えた、うっすらと白く濁った酒のこと。**旨味がありながら、フレッシュ感もある。酵母が生きていて活発に活動している発泡タイプは「活性にごり」と呼ばれ、弾ける泡の感触が爽快。**近年では年間を通して人気があります。

春の気分を満喫できるソフトなうすにごり。「賀茂金秀　桜吹雪」特別純米うすにごり生酒（金光酒造・広島県）。

原酒

酒造りでは通常、搾ったお酒を、瓶詰めする前に「加水《かすい》」といって水を加えアルコール度を下げます。その加水をせずに、度数の高いまま出荷した酒で、飲みごたえがあります。加水をした一般的な日本酒は15～16度ぐらい。原酒の場合、純米では16～18度ぐらい、醸造アルコールを加えた酒では18～19度ぐらいです。

無《む》濾《ろ》過《か》生《なま》原酒《げんしゅ》

ラベルによくみかける言葉ですが、「無濾過」の「生酒」で「原酒」という3つの単語を合わせたもの。濃厚で、香りも強く、生き生きとしたメリハリのある味わい。搾りたての酒は、麹や酵母に由来する白い〝おり〟が残っていて、うっすら濁っています。通常、このおりを沈ませて、下から抜き取り（おり落とし）、その後、フィルターや活性炭などを使って「濾過」をして色や味の調整をして、アルコール度を調整するために「加水」して（水を加えて）、さらに「火入れ」（加熱殺菌）します。無濾過生原酒は、この活性炭による濾過や、加水、加熱殺菌の作業を一切行わない、いわばすっぴん酒のことを言います（フィルター濾過は行っていても無濾過と表す場合が多い）。

米の生産者の顔写真入りの王祿酒造「丈径」裏ラベル。ブレンドをしないので仕込みナンバーが記されている。

その4

貯蔵に関する用語と味わい

搾《しぼ》ったあとの日本酒を生のままで貯蔵するか、加熱殺菌するか、またその殺菌はどんな方法で行うかによって、さまざまな用語があります。

搾ったままの生酒は、そのままの状態で放置すると、麹が造った酵素によって、酒のなかの糖分やタンパク質などが分解することにより、味や香りが変質したり、雑菌が繁殖する危険性があります。そこで酒の味を変化させる酵素の働きを止め、酒質を安定させるために、60～65℃ぐらいの低い温度で加熱殺菌します。これを「火入れ」と呼んでいます。

通常は、酒は搾ったあと生酒の状態でタンクに溜めておいて、醸造作業が一段落したころ火入れをしてタンクに貯蔵。出荷する前に、もう一度火入れして瓶詰めする、という方法で、加熱殺菌は2回行われるのが一般的です。火入れした酒は、常温流通が可能になります。ラベルに「生」という表示がなければ、基本的には2回火入れしていると考えて良いでしょう。

一方、タンクは口径が大きく、酒が空気に触れる面積が大きいので、生酒の状態で長期間置いておくことで酸化しやすいのが難点でした。そこで近年では、醸造が完了したら、生酒をプレートヒーターという機械に通して加熱、急冷してすぐに瓶詰めしたり、瓶に詰めたまま湯煎にする（通称「瓶火入れ」）などの方法で加熱殺菌した上で、瓶のまま冷蔵保存し（通称「瓶貯」）、時期が来たら出荷するという方法で、火入れは一回しか行わない造り手も増えています。瓶は、空気に触れる面積が小さいため酸化しにくく、1回の火入れで、品質も、フレッシュさも保てると言われています。

生酒《なまざけ》

　火入れを一切行わずに瓶詰めされた酒で、フレッシュで、弾けるような甘味や酸、生き生きとした香りを楽しめます。瓶に「生」と書いてあったら、一回も火入れしていない「生酒」のこと。「本生」と表示してあることもあります。フレッシュ感を楽しむには、冷酒で飲むのがお薦めです。場合によっては、常温やぬる燗も旨いことがあります。

　酵素の活動を止める過熱をしていないので、冷蔵管理が必要です。貯蔵管理が悪いと、生老《なまひ》ね香《か》といって、温めたヨーグルトのような特有のにおいが出たり、「火落ち菌」という雑菌により白濁して香味が損なわれることもあるので注意が必要です。

生詰め酒

搾ったあとに1回だけ火入れして貯蔵し、出荷のときは火入れをしない酒。フレッシュ感がありながら、味や香りは生酒に比べて安定しています。

生貯蔵酒

生のまま貯蔵し、瓶詰めするとき1回だけ火入れする酒のこと。生詰め酒より、さらに安定しています。300ミリリットル入りの少容量の透明瓶などでよく見かけます。

火入れの酒

ほとんどの場合は、ラベルには表示していませんが、「生」という文字がなければ、2度火入れをしていると思っていいでしょう。落ち着いた味わいで、切れも良く、燗にすると映えるお酒が多くあります。

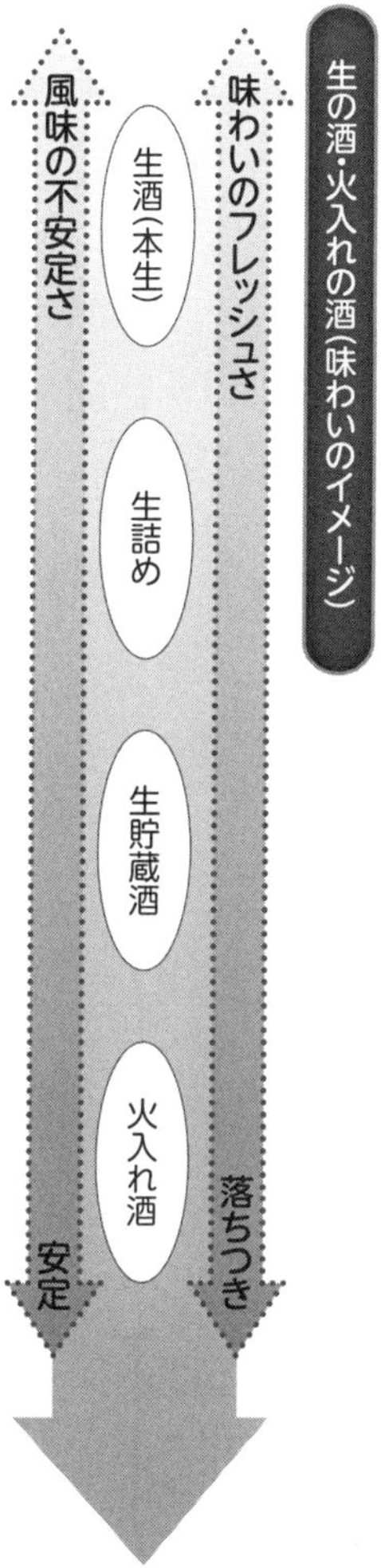

達人指南　生酒の味

(達)「ひえ〜、もうお手上げです。生酒、本生、生貯蔵、生詰め、無濾過生原酒……。生のお酒に関する言葉だけでもこんなにいっぱい……覚えきれません」

(山)「確かにそうですよね。似たような名称なのでわかりにくいかもしれません」

(達)「そもそも生のお酒と、火入れとどんな風に味が違うんですか？」

(山)「牛乳に例えるとわかりやすいかもしれません。まったく火入れしていない生酒は、牧場で飲む搾りたてのミルクみたいなもの。フレッシュで香りが豊かで、生き生きした甘味やピチピチした酸味を感じます。それに対して火入れのお酒は、低温で加熱殺菌したパック詰めのミルクのイメージ。香りも味も落ち着いていて、すっきりとした味わいです」

(達)「なるほど。じゃあ、生詰めと生貯蔵は？」

(山)「生という字が入るけど火入れを一回行っているのが、生詰めと生貯蔵。フレッシュ感で言えば、最も新鮮な味わいなのが生酒、つぎに生詰め酒、生貯蔵酒、火入れ酒の順。ただ、各蔵によって火入れの方法は違うので、それぞれかなり印象は変わります」

(達)「なんで、そんなにいろいろあるんだろう」

山「搾りたてのフレッシュな味を届けたいという造り手の願いから、試行錯誤がくりかえされてきたからだと思います。フレッシュ感と酒質の安定、両立させようと思って、一回火入れをした生貯蔵酒や生詰め酒という方法が生まれたんでしょう」

勘「なにしろつい30年ほど前まで、生酒は新酒の時期に酒蔵へ訪れないと味わえない特別な味。酒蔵に冷蔵庫はなかったし。その場、その時だけの一期一会の味だったんだよ」

山「私が生酒を初めて飲んだのは20代の半ばだったかしら……それまで火入れしたお酒しか飲んだことがなかった私は、ピチピチ弾けるような躍動感に心を奪われてしまったんです。その感動を伝えたいと思って、お酒に関する物書きになったようなものなんです」

達「うわあ、それほど特別な味だったんですね」

勘「生酒は、酒蔵と特別な信頼関係で結ばれた、近隣の酒屋だけが扱っていることもあったんだよ。新酒が出る時期に、車を飛ばして買いにいったこともあったなあ」

山「まったく加熱をしていない純然たる生という意味で、「生生《なまなま》」と呼ばれたりすることもありましたね。いまでは、できたお酒を酒蔵で冷蔵管理するのはもちろん、保冷車で配送、酒販店や飲食店でも冷蔵管理するようになってきたので、飲み手はごく当たり前に味わえるようになっています」

勘「ほら、「奈良萬」純米酒の生酒と、火入れの酒を並べてみたよ。比べて飲んでみないかい？　この生酒は、搾ってすぐに瓶詰めしてるから微発泡で、余計に生酒の魅力がわかりやすいかもしれないね」

達「うん、確かに生のほうはパチパチ弾ける！　若い感じだね。火入れは大人しくてじわっと旨い。大人の感じかな」

山「「十四代」蔵元の髙木顕統《あきつな》さんは、生酒のことを花火に例えていました。華やかだけど、はかなく消えてしまう。対して火入れのお酒は、森に囲まれた湖。波が立つことなく、いつ見ても静かな美しさを湛えているからと……」

勘「詩人だな！　確かに生酒の美味しい期間は短いから、花火みたいだし、火入れはいつも安定している。どちらが上とか、下ではないからね」

山「火入れのお酒は燗にすると魅力が引き立つ場合が多いの。生酒は風味が変化しやすいので、家でも必ず冷蔵保存し、封を切ったらなるべく早く飲みきりましょうね」

達「心して飲みます」

湯を張った槽に酒を詰めた瓶を沈めて、湯煎で火入れをする「瓶火入れ」し、ケースごと水を張った右側の槽に移動して急冷（「十四代」高木酒造にて撮影）。

その5

そのほか造り方に関する用語

通常の酒造りでは、米、麴、水を三回に分けて、少しずつ増量しながら仕込んでいく「三段仕込み」が基本ですが、それ以外の方法で造る場合もあります。

四段仕込み

基本の「三段仕込み」に、もう一度、米を足して仕込む方法が四段仕込み。酒の味は甘くなります。「花泉」「ロ《ろ》万《まん》」などの銘柄を造る花泉酒造（福島県）はすべての酒を四段で仕込みしていることで知られていますが、最後に加える米に、もち米を使うことで、ぽっちゃりとした風合いと、優しい甘味を醸し出しています。

すべての酒を四段で仕込み、四段目には餅米を使う「ロ万」(花泉酒造・福島県)。もっちりと甘くて、ほっとする。

貴醸酒《きじょうしゅ》
仕込みのとき、水の代わりに日本酒を使って仕込んだ酒。**こってりと濃厚で、かなりの甘口になります。**食後のデザートや、リラックスタイムに楽しむときにお勧めです。酒を酒で仕込む方法は古くからあり、現在のような三段仕込みのような方法が確立される前は、アルコール度数が高い酒を造る方法で、「出雲神話」で有名なスサノオノミコトがヤマタノオロチを退治した「ヤシオリの酒」も、何度も仕込んだ強い酒であったとされています。平安時代にも飲まれていたと言われますが、その後、製法がすたれ、一九七〇年代に醸造試験場で復活させたものの、これまでは特殊な日本酒とされてきました。甘口嗜好に傾いている最近、脚光を浴びるジャンルで、近年新しく製造をスタートしたり、売り上げを伸ばす蔵元も少なくありません。

ラベルには、製造年月が書かれていますが、そのほか、お酒が造られた酒造年度を表記することがあります。

酒造年度、BY(Brewery Year)
七月一日から、翌年の六月三十日までを酒造年度(BY)と言います。お酒を醸すのは、晩秋から春までというところが多いので、たとえば平成二十五年の十一月に仕込んだお酒も、翌二十六年二月に仕込んだお酒も、酒造年度は「平成二十五酒造年」、または「平成25BY」「H25BY」などと表記します。

酒造年は、もともと明治二十九年に定められました。そのときは十月一日から翌年九月三十日でした。日本酒の醸造の多くは十月ごろから仕込み始めるため、暦年（一月一日～）や会計年度（四月一日～）にすると、製造期間中に年度が変わることになり、税務検査上で不便であることや、原料の米が収穫されるのが秋であるため、その頃に製造計画を立てるのが便利であろうということから、この時期になりました。

七月一日から六月に変更されたのは、昭和四十年。国税庁の通達によると、「昨今の実態等から改め、これにより酒類原料米の割り当てなどを行うことが適当と認められるため」とあります。

ちなみに十月一日は、日本酒造組合中央会が定めた「日本酒の日」ですが、かつての酒造年度の始まりで、蔵元が「酒造元旦」として祝う習慣があったことから制定しました。また、酒という漢字は、酒壺を表す「酉」という漢字に由来しますが、十二支の十番めが「酉」にあたります。いろいろな意味から、十月は特別の意味合いを持っているのです。

その6　知っておきたい基本の酒米

日本酒の原料には、コシヒカリなどの食用の米も使われますが、酒造りのために特別に開発され、栽培されている酒造好適米（通称、酒米）と呼ばれる品種が約90種類ほどあります。代表的な品種と、その味わいを紹介します。

†コクがあるタイプ

山田錦《やまだにしき》

酒米の王様と称される品種。しっかりとしたコクと複雑味があって、バランスもとれた気品が漂う酒になると言われます。飲んだあとの余韻は長く、熟成にも向くとされています。

春先に出荷される搾りたての酒は、味の要素がバラバラでまとまりがなく、荒くなりがち。でも山田錦で造ったお酒は、若いうちからバランスが取れて、熟成させればさらに深みが醸し出されると言われます。造り手にとっては、特別なことをしなくても良い酒になり、多少の失敗をしても最終的には修復できることから、〝造りやすい〟品種と言われます。いわば酒米の優等生。純米大吟醸などトップクラスの酒や、純米吟醸、純米など上等な酒に使われることが多い米です。

一九三六年兵庫県で育成され、主産地は兵庫県を中心とした西日本ですが、東北から九州まで広く栽培されるようになり、現在は酒米のなかで作付面積トップ。収穫日は晩秋の晩生《おくて》。地域による品質、価格の差は大きく、最高峰とされるのが、兵庫県の吉川町（現・三木市）、東条町（現・加東市）、社町東部（現・加東市）。徳島県、福岡県も高評価です。

「龍力」大吟醸
米のささやき YK-40-50
（本田商店・兵庫県）
最高品質の山田錦が栽培されることで知られる加東市特A地区の特上米の山田錦だけで醸した大吟醸酒。豊かな旨味に、太い酸が伴う円熟味のあるゴージャスな味。

雄町《おまち》

山田錦と並び称される品種。濃厚で、まるみがあり、おおらかな味わいで余韻も長いお酒になると言われています。稲の背丈が高く、発酵管理も難しいことから、米を栽培する農家と、酒の造り手、両者から〝野性的〟と言われています。米の持つポテンシャルが高く、西日本の蔵元は、しっかりとした旨味と酸味を出し、野性味を感じる酒にする傾向にあり、東北の蔵元では、一口目はすっきりとシャープな印象で、飲み進めると、ふっくらとした色気が出てくるタイプの酒に仕上げることが多いようです。

米の価格は高く、高級酒に使われます。一八六六年岡山県で選抜改良され、百年以上途切れることなく栽培されている唯一の品種で、山田錦の親にあたります。山田錦よりさらに収穫日は遅い晩生です。

「酒一筋」　純米大吟醸
赤磐雄町
（利守酒造・岡山県）
赤磐雄町の復活に情熱を注いできた蔵元の作。熟成感があり、落ち着いたニュアンス。濃いめの料理と合わせて、燗で味わいたい。

愛山《あいやま》

独特の甘い風味と、味わいに広がりがあり、旨口で華麗な酒になるとして、近年人気を集める注目の品種です。山田錦と雄町を祖父母に掛け合わせた血筋の良い品種でもあり、特に大粒で、米の中心部が柔らかいため、砕けやすく、溶けやすく、ぼってりと重い味になりがちで、造り手の腕が問われるとも言われています。

　非常に高価ですが、チャレンジしがいがあると、純米大吟醸など高級酒に使用する蔵が増えています。一九四九年、兵庫県で育成されました。

「十四代」
七垂二十貫
（高木酒造・山形県）
愛山を40%まで磨いた純米大吟醸。鮮烈な甘い香りが弾け、緻密な旨味が涼やかな余韻と共にはかなく消える。上品な佳品。

†ソフトで淡麗なタイプ

五百万石《ごひゃくまんごく》

　透明感のある綺麗な味わい。色白、美肌のほっそりとしたイメージ。落ち着いた印象の酒になる傾向があります。麹造りがしやすく、味ののりも程よいことから、日常酒から純米吟醸クラスまで幅広く使われています。搾りたてなど酒が若いときは、やや苦味や渋みを伴うことがあると言われますが、その硬質なニュアンスを好む人も少なくありません。

一九五七年新潟県で育成。北陸を中心に、東北から九州北部で広く栽培され、寒冷地を代表する酒米です。酒米のなかでは、収穫時期が早い早生品種です。

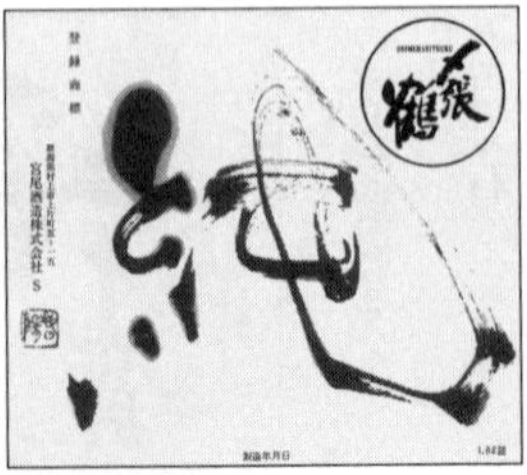

「〆張鶴」純
（宮尾酒造・新潟県）
五百万石を50％精米した純米吟醸酒。さらりとしたなかに気品のある旨さが息づく。雪国の色白美人を思わせる美しい酒。

美山錦《みやまにしき》

香り穏やかで、墨絵を思わせる淡い味わい。あっさりとした軽やかな味わいです。熟成させるより、早飲みに向くと言われます。主に東日本の飲み手には支持されていますが、濃醇な味を好む関西では人気は薄いようです。

一九七八年に長野県で育成され、岩手県や秋田県、山形県、宮城県など東北や北陸など寒冷地で栽培されています。

「真澄」吟醸　生酒
（宮坂醸造・長野県）
美山錦を55％精米して仕込んだ吟醸酒の生。さらりと軽く、キュートな旨味が潜む。冷やして飲むと美味。初夏から秋口限定発売。

八反錦《はったんにしき》

やや硬質でさっぱりとした印象で、心地のいい酸を含んだキレの良い酒になると言われます。一九八三年広島で育成。栽培の中心は広島県ですが、新潟県でも栽培されています。

「天寶一」 特別純米
八反錦（天寶一・広島県）
ふくよかな旨味を丸い酸が包み込む、ライトタッチの純米酒。幅広い料理と合わせやすく、家庭に常備すれば活躍するはず。

†そのほかの注目品種

亀《かめ》の尾《お》

もともとは食用米の品種で、すっきりした味ですが、酸を伴う野性的な風味を生かした魅力的な酒も見られ、一部のファンの間では絶大な人気があります。明治二十六（一八九三）年、冷害の年に山形県庄内地方の阿部亀治が育成した品種で、寒い地域に適合していることから東日本で広く栽培され、コシヒカリやササニシキにも、亀の尾の血が流れています。その後、幻になったものを新潟県の久須美酒造が「純米大吟醸　亀の翁」として発売。日本酒愛好家にお馴染みの漫画『夏子の酒』のモデルともなりました。

「鯉川」亀治好日　純米吟醸
（鯉川酒造・山形県）
亀の尾、発祥の地の蔵元が、町内で復活栽培した米を使用。ふっくらとした旨味とシャープな酸が魅力。バターを使った料理と相性抜群。

食米（飯米）

食用米も酒造りに使われています。なかでもササニシキは、主産地の宮城県をはじめとした東北地方では、質の良い品種として使われてきました。このほか、食米で酒造りにも向く品種として、トヨニシキ、キヌヒカリ、チヨヒカリ、中生新千本《なかてしんせんぼん》、日本晴、松山三井《まつやまみい》などがあります。

「乾坤一」特別純米辛口
（大沼酒造店・宮城県）
ササニシキ55％精米。素朴な米の旨味があり、後口は締まる辛口。常温や燗が旨い。蔵元のイチオシは「燗冷まし」。

その7

酒瓶から味をイメージする

酒瓶の色も、外から味を想像するための情報になります。最も多く目にするのが濃い茶色の瓶。紫外線から酒を守るために有効であることから、古くから使われてきました。特に普通酒や加熱殺菌した火入れの酒や本醸造などには茶色瓶が使われることが多いようです。次に多いのが緑色の瓶で、多用途に使われていますが、茶色瓶より高価な酒を入れる場合が多く、純米や純米吟醸、吟醸などでよく見かけます。

透明瓶は紫外線を通すので、品質を保つためには難があると言われますが、濁り酒や微発泡の活性にごりなど、中の色あいを見せるために使われています。夏向けの吟醸や純米など、清涼感をアピールしたい酒にも、透明瓶や淡いブルーの瓶が使われる傾向がありますす。高価な大吟醸や純米大吟醸には、一般的な濃い茶色や緑の瓶も使われますが、黒い瓶(艶のあるものとすりガラスのような艶消しのフロスト瓶)や、濃いブルーの瓶、意匠を凝らした変形の瓶などで、高級感を演出する場合もあります。瓶そのものの値段も、一般的に茶色が最も安く、緑、黒の艶あり、黒のフロストの順に高価になります。

「風味やイメージで瓶の色を選んでいます」と話すのは「而今」蔵元の大西唯克《ただよし》さん。「山田錦は、蒸しあがったときに若草を思わせる爽快な香りがするので緑の瓶、八反錦や千本錦を使った酒は、パインやベリー系の風味をイメージするので茶色瓶、濁り酒は澱がコミカルに踊る様子を見せたいので透明瓶、純米大吟醸は高級感がある黒を使っていいます」と説明しています。

最近はラベルを張らず、透明瓶に銘柄などをプリントした新しい感覚のデザインもみかけるようになりました。「瓶はジャケット、ラベルはシャツ、ラベルのデザインはネクタイをイメージして選んでいます」と話すのは、「貴」（永山本家酒造場・山口県）蔵元の永山貴博さんです。「昔は、瓶は茶色、ラベルは古典的な図柄か筆文字が定番でした。でも、最近は瓶、ラベル色、デザインの3点を合わせて、トータルコーディネイトを考える蔵元が増えているように思います」と説明。

お洒落に装うようになってきた日本酒。瓶を見て、造り手がどんな思いを込めているのか、想像してみるのも日本酒を飲む楽しみです。

透明瓶にイラストがプリントされた「仙禽　雄町50かぶとむし無濾過生」（せんきん・栃木県）。ソーダ割りやオンザロックで飲めば、夏休みの気分。

その8
地域の特徴を大まかにつかむ

†東北は軽くて透明感あり、西は濃厚でしっかり味

酒の味わいは、主原料の米や水、酵母によって異なるのはもちろんですが、酒造期の気温や湿度によっても大きく変わってきます。南北に長く、気候風土の差が大きい日本では、各々の条件に合った流儀を生み出し、技を駆使しながら、地方色豊かな様々なタイプの酒を生み出してきたのです。ところが近年、空調設備を施す酒蔵が増え、蔵の中の温度コントロールも容易になってきました。また、かつては地元の米で酒を造っていましたが、近代では兵庫産山田錦に代表される名産地の酒米も入手できるようになり、酒造技術もオープンになっています。地域差は徐々に薄れ、いまでは造り手による差のほうが大きいともいわれています。とは言え、日常酒クラスには土地の米を使う蔵も多く、伝統の技法や食の好み、県民性などによって、地域による酒の違いは今も歴然とあるのです。県の特徴が際立っている例では、濃醇で甘酸っぱい味わいの佐賀県と長崎県、すいすいと喉を通るす

っきりとした味わいの高知県などがあります。次に私が経験的に感じている大まかな県の傾向を紹介しましょう。当てはまらない場合も多くありますので、あくまでも参考として捉えてください。

地域別の味の傾向

東北　全体に軽くスリムで、透明感を感じる綺麗なタイプが多い。
関西　コクがあり濃醇で、甘辛は中庸。だしの効いた料理に合う酒が多い。
九州　濃厚で、甘味も酸もある、味のしっかりとしたタイプが多い。

特徴の著しい県

甘口傾向　佐賀、長崎、大分、大阪
辛口傾向　高知、富山、東京、鳥取
濃醇傾向　佐賀、奈良、愛知、石川、島根
淡麗傾向　静岡、新潟、東京、岡山

各県の味わいの傾向

北海道　軽快な味の酒が多い。近年、新しい酒米が次々と開発され、注目されている。
青森県　濃醇なタイプが多かったが、近年は軽快な吟醸酒も登場。これから期待したい県。
岩手県　南部杜氏の故郷。古来から高い技術で醸され、透明感ある綺麗な質が特徴。
山形県　香り華やかで爽やかな酒が目白押し。管理も万全。酒造レベルの高さでも評価される県。
秋田県　秋田美人を思わせるぽっちゃりした甘さと、まるみのある余韻。〝美酒王国〟と言われる。出荷量全国4位、一人あたりの飲酒量も多い〝酒飲みの県〟。
宮城県　特定名称酒の比率が高く、透明感ある綺麗な味わい。刺身や貝など寿司ネタに合う酒が多い。
福島県　東北の中では最も旨味が乗った甘口の酒が多い。県全体で見れば個性さまざまな〝味のデパート〟と言われる。

栃木県　濃醇甘口が伝統的。近年、若手蔵元たちが中心になって個性を競い、人気を集めている。
茨城県　関東地方では最も酒蔵が多い県。古い歴史を有する蔵も少なくない。
千葉県　首都圏では酒蔵数最多。吟醸、山廃、古酒など、目指す方向はそれぞれの個性派揃い。
埼玉県　大消費地、東京に近く古くから酒造業は栄えてきた。酒蔵の数も多く、出荷量の多い県。
神奈川県　爽快で伸びやかな傾向。酒蔵の数は少ないが、近年、人気を集める蔵も登場。
東京都　すっきりと端麗で、軽快な印象で、モダンな辛口タイプが多い。酒蔵は多摩地方と北区にある。
群馬県　全体に濃醇で、甘口傾向であったが、近年では個々の蔵により味わいは多様。

長野県　アルプス酵母を使った香り華やかな吟醸酒と、地味ながらも燗で旨い日常酒の宝庫。酒蔵数も多く、県産米で造った純米の原産地呼称管理制度を全国で初めて導入。
山梨県　ワイン産地として知られるが、日本酒も造られ、みずみずしく引き締まったタイプが多い。
新潟県　喉越しの良い淡麗辛口で、昭和40年代から地酒ブームを牽引。全国新酒鑑評会でも常に上位を占め、出荷量も3位の酒処。
富山県　甘口の酒が多かった昭和40年代から辛口傾向。現在でも清涼感ある辛口の酒が主流。
福井県　越前蟹を初めとした若狭湾の海の幸に寄り添うような、淡い旨味を持つソフトな美酒が多い。
石川県　四大杜氏、能登杜氏の故郷。濃醇な山廃造りと、清涼で雅びな大吟醸造りで一目置かれる地域。
静岡県　上質な酒が多い〝吟醸王国〟。酸が少なく、太平洋を思わせる伸びやかな印象。シンプルな魚料理に合うものが多い。
愛知県　八丁味噌、あんこトーストなど甘口嗜好の県で、酒も甘口だったが、近年は多様化。
岐阜県　美濃地方は隣の愛知県と共通する甘口、飛騨地方は濃厚な辛口傾向。
三重県　甘口傾向で、香りの高い「三重酵母」との相性が良い。県内産の質の良い山田錦を多用。
大阪府　うまみのある甘口の傾向。天野酒（河内長野）、伊丹、池田など古くからの名醸地。現在、山田錦や雄町の栽培もさかん。

滋賀県　旨口の酒が主流。米処として知られ「玉栄」「吟吹雪」など県独自の酒米もある。

京都府　出荷量は全国2位。酒蔵は伏見に集中。全国規模で展開するメーカーのほか、中堅の酒蔵も数多い。伏見は、はんなりとした印象の〝女酒〟。

兵庫県　「灘」を有し、大小の酒蔵がひしめく全国一の酒処。酒米の王様「山田錦」の故郷でもあり、米の味をしっかり出した造りをする傾向がある。

奈良県　酒造りにおいても古い歴史を持つ地域。全体に、穏やかな印象ながら、たっぷりとした旨口の飲みごたえある酒が多い。

和歌山県　灘や伏見に桶売りをしていた蔵が多く、味の傾向は捉えにくいと言われたが、近年、注目される蔵も登場。

岡山県　県産の米「雄町」で知られる。全体にやや甘口でやわらかい味わいだが、雄町の特性を生かした濃醇辛口なタイプも見られる。

広島県　兵庫、京都に次ぐ西日本の名醸地。濃醇でやや甘めな旨口が典型だったが、真逆のすっきり軽快タイプも増えている。

鳥取県　たっぷりとした旨味を含みながら、スパッと切れる濃醇辛口の酒質を持ったタイプが多い。

島根県　全体に濃醇で、しっかりとした旨口の酒を造る蔵が多く、燗で旨いタイプが目立つ。

山口県　元来は濃醇な傾向であったが、すっきり洗練された味を特徴とし全国区になる蔵も。県産の酒米「穀良都」「西都の雫」のほか、「山田錦」栽培もさかん。

徳島県　県産の山田錦「阿波山田」が質が良いと評判。ソフトで、中甘口の酒が多いが、県独自の強い個性はあまり見られない。

高知県　酒豪が多いことで知られる日本一の辛口県。くいくい喉を滑って、量が飲めるタイプが多い。

香川県　全体に柔らかな酒質だが、蔵によって個性は異なる。米は「オオセト」を使う酒が多い。

愛媛県　魚介に合う伸びやかな酒が多い。スペイン料理との相性を提案するなど県を挙げて熱心にプロモーションを進めている。

福岡県　蔵元の数は多く、近年、純米酒や純米吟醸酒の伸び率でも全国屈指の県。味わいはすっきりとした傾向。

熊本県　吟醸造り発展に寄与した「熊本酵母」(9号酵母)発祥の県。味があって香り高い吟醸酒が見られる。

佐賀県　甘口傾向の九州の中でも特に甘酸っぱい酒が多い、濃醇甘口な県。中華料理や南蛮漬けに合う。

長崎県　料理は甘い味付けで知られる県で、酒も日本で最も甘口で、濃醇な傾向。

大分県　九州では福岡に次ぐ出荷で酒蔵も多い。吟醸酒造りにも熱心。全体に甘口傾向。

※**宮崎**には2軒、**鹿児島**に1軒、**沖縄**には1軒、日本酒を造るメーカーがある。

市販酒の各県甘辛度・濃淡度(平均値)

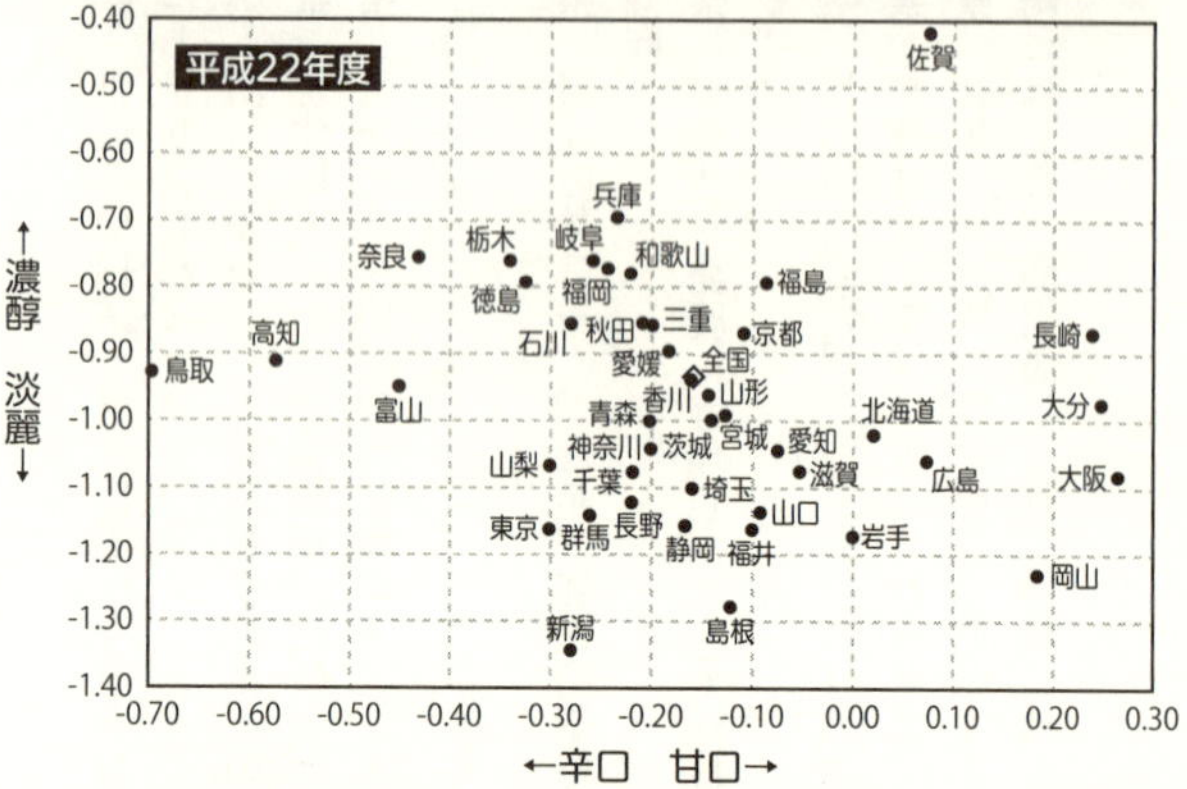

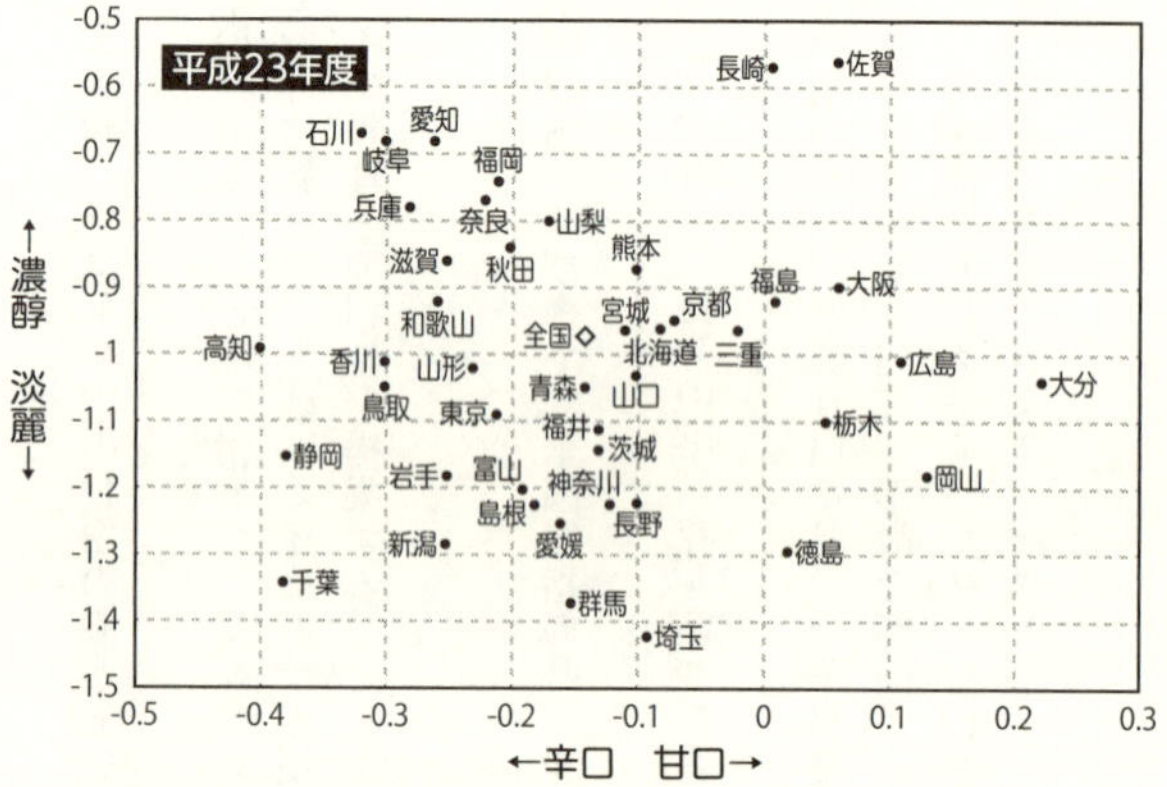

(注1)「宮崎県」「鹿児島県」「沖縄県」は表示していない。
(注2)県別及び局別の平均値については、「トリム平均法」(最大値及び最小値付近の結果を除外した上で集計する方法。今次集計においては、分別項目ごとに全体の1%に当たる数の結果を除外した。)を用いて算出した値である。
※平成25年2月、24年2月　国税庁 全国市販酒類調査(平成23年度、22年度調査分)

右は、甘いか辛いか、淡麗か濃醇かの目安になる図表です。市販された酒を無作為に選んで調査しているので、調査年によって数値のぶれ幅が大きくなります。そこで図に示した平成23年度と22年度に、21年度の調査と合わせた3年分を分析してみました。ここで甘辛と濃淡度の位置があまり変わらない県は、特徴が突出していると言えるでしょう。その結果、特徴がはっきりしていた県は、高知（辛口）、新潟（淡麗）、静岡（淡麗）、富山（辛口）、東京（淡麗辛口）、大阪（甘口）、佐賀（濃醇甘口）、長崎（甘口）、大分（甘口）などでした。

達人指南　故郷の酒

㊟「西の日本酒は濃厚でしっかり味って教えてもらったけど、わかるなあ。このあいだ大阪へ出張で行ったんですけど、居酒屋で飲んだお酒が、みんな濃くてびっくりしました」

㊟「私もそんな経験あります。東北のお酒を1本も置いていない関西の居酒屋に、扱っていないのはなぜかと聞くと、味が無い、薄辛いからだという答えが返ってきたこともありました」

㊟「関西はだしが濃いから、酒の味にも濃いものを求めるんじゃないかな。熟成タイプも好まれているね。うちの店には西も東もあるよ。料理に合わせて選べるようにしてあるんだ」

㊟「西と東でお酒の味の違うのは、酒米の特徴もあるかもしれません。山田錦や雄町は、もともと西の米で晩生。しっかりと味が乗ったお酒ができますし、熟成によって味に深みが出ます。対して、五百万石を代表とする東北や北陸などの寒冷地の米は早生で、すっきりとした味のお酒になります。山田錦などに比べると、早飲みタイプです」

㊟「僕の故郷、福島県はどうなのかな？　東北だけど、爺ちゃんが飲んでいたお酒は、す

っきりタイプじゃなかったような気がする」

㊗「福島県は東北の中では味が乗っているほうだと言われていますが、海沿いと、中央部、内陸部で、それぞれタイプが違いますね」

㊢「海沿いを浜通り、郡山など東北道沿いの近辺を中通り、内陸を会津地方といって、気候も文化も違うんです」

㊗「確かに同じ県内でも風土は大きく違いますからお酒も変わるのでしょうね。浜通りは比較的温暖で、海に近いだけに、お酒は魚に合うさっぱりとした味わいなのに対し、会津地方は寒冷で雪がたくさん降ります。そういった地域では料理の味も濃いめになるので、お酒もこっくりと甘め傾向になります。中間の中通りも、どちらかというと甘めのようです。規模も大小さまざま、いろいろなタイプがあるので、味のデパートとも言われているんです」

㊢「へえ、詳しいんですね」

㊗「魅力的な若い造り手さんが多いので、通っているんです♥」

㊙「山同さん、イケメンに目がないからねえ」

㊢「ところで静岡でも日本酒、造っているんですね。あんな温かいところで」

㊗「静岡は吟醸王国と言われる銘酒処ですよ！　温暖な地域に合う酵母の開発に成功した

ことが大きかったんです。酸の少ないきれいなお酒が揃っているんです。ところでたっちゃん、なぜ静岡が気になるの?」

(達)「(顔を真っ赤にして)ちょっと……」

(勘)「さては彼女が静岡出身なんだろ?」

(達)「まだ、彼女じゃないです!」

(山)「気になる女性なのね」

(達)「女子会で日本酒飲みに行くみたいなこと言ってたなぁ」

(山)「日本酒を知ってる男子だとわかったら、ポイント上がりますよ。美味しい静岡のお酒を教えてあげたら?」

(達)「よし!　もっとお酒の勉強、頑張ります!」

静岡県を代表する酒のひとつ「磯自慢」。

第2章

居酒屋で日本酒を楽しむ

日本酒居酒屋で極楽体験

日本酒を気軽に味わえる場が増えています。銘酒居酒屋や昔ながらの酒場、郷土料理店だけではなく、日本酒バーやダイニング系、バルのように洋風料理を食べさせるカジュアルな雰囲気で、日本酒を揃える店も続々と登場。きちんと温度管理された上質なお酒を、様々な料理に合わせて楽しめるようになってきました。

日本酒の品揃えが充実している店で、お酒を選ぶ……胸躍る時間です。反面、酒のリストに知らない銘柄ばかりが並んでいて、なにをどんな風に注文すればよいのか、困ってしまったという声も聞きます。でも、知らないことを、恥ずかしいとは思う必要はありません。全国に酒蔵の数は約1500あり、それぞれが複数の日本酒を造っているのです。百戦錬磨の飲み手や蔵元だって、すべての銘柄を飲んで味を知っていることはありえません。どうどうと好みを言って、選んでもらえばいいのです。一方、限られた銘柄しかない店だからと、失望しないでください。銘柄は少なくても、季節品や限定品など、ほかでは味わえないお酒が飲めることもあります。たった一つの銘柄しかなくても、店の料理とぴったりと合う至福を味わえるかもしれないのです。

広く、浅く、いろいろな日本酒を飲むか、深く、じっくり1種類を味わうか。居酒屋の特徴を摑んで上手につきあえば、日本酒はもっと美味しく楽しめるのです。

その１

酒のメニューのここをチェックする

†「造り」を見れば店の傾向が読める

その店のお酒に対する考え方を予測するために、メニューでまずチェックするのは純米や吟醸など「特定名称酒」の種類。純米大吟醸や大吟醸酒、雫取りなど高価な酒だけがずらりと並んでいる場合は、料理の値段も高い接待向きの店のこともあるので、支払いは覚悟すべし。北から南まで地域がバラバラで、高価な酒だけが列挙されている店も、店主はあまり日本酒に思い入れがないと判断してもいいでしょう。

いくつかの特定の蔵元に絞り、カジュアルラインから高価な酒まで揃えているなら、その造り手に対して思い入れがあったり、店の得意料理と合う場合が多いので、その銘柄について尋ねてみるといいでしょう。もしかすると、店主と蔵元、あるいは仕入れている酒販店と蔵元が太いパイプで結ばれているという理由かもしれません。

いずれにしても同じ蔵元の酒が豊富に揃っていたら、まずは一杯、試しに注文することをお薦めします。飲んで好みの味なら感想を言ってみてください。共感してくれるお客を店は歓迎するはず。運が良ければ、レアな酒を出してくれるかもしれません。

純米酒や純米吟醸が中心ならば、料理を食べさせたい店だと推測できます。本醸造や普通酒が中心なら、気楽な酒場を目指しているのだろうと想像していいように思います。なお、品揃えのほとんどが、本醸造や普通酒の店は、サワーや酎ハイにも力を入れている場合が多いので、日本酒を飲まない仲間と連れだって行く場合に良いでしょう。

†「産地」を見れば料理との相性がみえる

次にチェックするのは「産地」。（産地による傾向はp．102～107）。特定の地域に偏っている場合、店主の出身地や料理を修業した場所、あるいは食材をその地域から仕入れていると想像できます。きっと料理との相性も良いはずなので、ぜひその地域の酒を試してみましょう。首都圏の店なら関東や東北の酒、関西の店なら関西や中国地方の酒など、地元の酒や近い産地の酒を揃えているのは自然な姿勢で、店の料理にも合うはずです。反対に、首都圏にありながら、関西や中国、九州地方の酒が多く、本格焼酎も充実している店の場合は、料理にだしが利いていたり、濃厚な味付けであったり、肉料理のメニューが充実している場合も少なくありません。

その2

飲む順番の基本を知ればもっと美味しい

美味しく楽しい時間を過ごすためには、どのお酒を飲むかはもちろんですが、どんな順番で飲むかも大切なポイントです。同じ酒が、飲む度に印象が違うということはよくありますが、実は飲む順番が影響していることが多いのです。美味しいお酒も、飲む順次第で、つまらない味に感じてしまうこともあるのです。そこで、数々の失敗を繰り返しながら導き出した、より美味しく飲むための法則を紹介しましょう。

†軽い味からだんだん重く、冷たい酒から温かい酒へ

味わい　軽い味↓重い味、淡い味↓濃い味

味わいのタイプ別では、軽い味から重い味へ、あるいは淡い味から濃い味へ飲み進めるのが私の基本です。濃い味を口にしたあとは、繊細な味の違いはわからなくなるので、淡い↓濃いという順は人間の生理に合っていると思います。

温度　冷酒↓冷や（常温）↓燗

温度は、冷蔵庫で冷やした「冷酒」から、冷蔵庫から室温に戻してしばらく置いたり、常温で保存した20℃程度の「冷や」へ。その次には温めた「燗酒」と、段々温度を上げていきます。料理もコースの場合は、軽い料理から複雑な味へ、冷たい料理から火の通った料理へと流れるのが基本なので、料理とのマリアージュという意味でも合致します。

造り　発泡タイプ→純米吟醸→純米→山廃や生酛

お酒のタイプでも、軽い→重いという法則はあてはまります。たとえば、軽やかな発泡タイプのお酒からスタートして、軽快で味のある純米吟醸へ、次にコクのある純米、最後にどっしりと味の幅のある山廃などと、段々腰の強いタイプへ移行していったほうが、それぞれの良さを感じることができます。

†東北から西南へ

地域　東北の酒→西南の酒

私の場合、産地で言うなら、まず軽快なタイプが多い東北地方や静岡県の酒を飲んで、次に濃醇な関西や中国地方、九州の酒を飲むというパターンを多くとります。先に濃厚な酒を飲んでしまうと、軽い酒は物足りなくなってしまうからです。ただし地域別の特性は例外も多く、すべての酒にあてはまるわけではないので、あくまでも目安として考えてください。

これまでに挙げた味わい「軽い→重い」、造り「発泡→純米吟醸→純米→山廃や生酛」、温度「冷たい→温かい」、地域「東北→西南」の法則は、寿司店で握りをお任せにして、登場するネタに合わせて日本酒を選ぶ場合にも応用できます。

たとえば、初めの一杯（活性にごり　冷酒）→白身魚（東北の純米吟醸　冷酒）→貝（北陸の純米　冷酒）→カツオ（静岡の純米　常温）→トロ（中国地方の純米　ぬる燗）→アナゴ（九州の山廃純米の上燗）というように。

ただし、人によって好みは違いますし、季節や体調によっても味の感じ方は異なります。最初から最後まで軽い酒を冷やして飲みたい人もいるでしょうし、暑い夏に濃い酒をぬるめの燗で通すのも悪くありません。最後に発泡タイプの爽快な酒で〆るなんていうことも、もちろんあり。自分なりの至福の順番を探ってみてください。

ネタとの相性を考えて日本酒を選べば寿司がさらに旨くなる（日本橋橋町「都寿司」にて撮影）

その3
お燗の温度、冷酒の温度の基本

居酒屋で「熱燗ください！」と注文する方。飲みたいのは、アツアツの燗？　もしかしたら、温かいお酒で、ほっと和みたいのではないでしょうか？

熱燗という言葉は温めた日本酒のことを指すと誤解している人は多いようです。でも、「燗」は、酒を温めるという意味なので、熱燗というと、高い温度に温める意味。温度によって「ぬる燗」とか、「上燗」などという言葉もあるのですが、温度の感覚は人それぞれだし、注文を受ける居酒屋の側の受け取り方もさまざま。熱い、ぬるいではなく、目安となる温度で注文したほうが、好みの温度の燗が飲めるはずです。そこで、日本酒の温度帯による名称を紹介しますので、次頁の図表を参考にしてください。

冷たいお酒では、「冷や」というと、冷やしたお酒のことと捉えている人もいますが、本来、「冷や」とは、温めていない常温の酒のことを指します。日本酒を冷蔵庫に管理するようになったのは最近のこと。常温で置いておき、燗で飲むのが一般的だったので、温めない酒という意味で「冷や」と使っていた名残です。冷蔵庫などで冷やしたお酒は「冷《れい》酒《しゅ》」とか、「冷たいお酒」と言います。

でも、これも、居酒屋によって認識が違うので、初めて訪れる店の場合は、室温においた冷やのことを「常温のお酒」、冷蔵庫で冷たくしたものを「冷酒」と、言い分けて注文すると間違いがないでしょう。

なお5℃ぐらいに冷たくしたお酒を「雪冷え」、10℃ぐらいを「花冷え」、15℃ぐらいを「涼冷え」という風雅な言い方もあります。あるとき外国人に、燗の言い方と合わせて説明したら、「美しい！」と感動されました。確かにこれほど幅広い温度帯で楽しむお酒は、世界にも例がありません。知識として知っておいて、ぜひ外国人に披露してください。

温度による日本酒の呼称

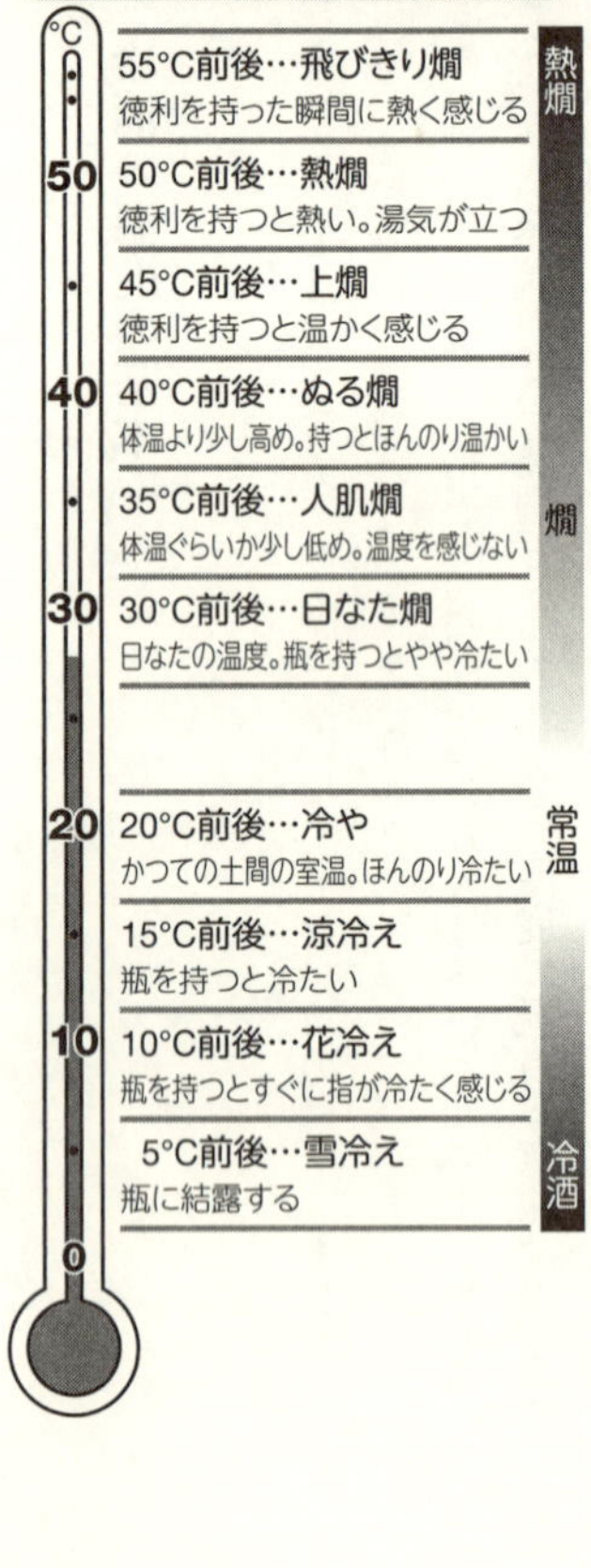

°C
55°C前後…飛びきり燗
徳利を持った瞬間に熱く感じる
50°C前後…熱燗
徳利を持つと熱い。湯気が立つ
45°C前後…上燗
徳利を持つと温かく感じる
40°C前後…ぬる燗
体温より少し高め。持つとほんのり温かい
35°C前後…人肌燗
体温ぐらいか少し低め。温度を感じない
30°C前後…日なた燗
日なたの温度。瓶を持つとやや冷たい
20°C前後…冷や
かつての土間の室温。ほんのり冷たい
15°C前後…涼冷え
瓶を持つと冷たい
10°C前後…花冷え
瓶を持つとすぐに指が冷たく感じる
5°C前後…雪冷え
瓶に結露する
熱燗
燗
常温
冷酒
50
40
30
20
10
0

達人指南　吟醸酒は燗にしてはいけないの？

(勘)「たっちゃん、今日は楽しそうだね。なんかいいことあった？」

(達)「えへへ、わかります？　同期の女子に、スパークリングタイプの日本酒があるんだよって教えたら尊敬の眼差しでみられちゃって。日本酒のことを知っている男子はモテルみたいです」

(山)「ね、言ったとおりでしょ？　静岡の彼女はどうしたの？」

(達)「いえ、その、まだ声をかけてないんです……が、女子の情報ではイケル口らしいです」

(山)「思い切って誘ってみればいいのに。あ、勘さん！「王祿《おうろく》　丈径《たけみち》」ぬるめの燗にしてくれませんか？」

(勘)「へい、了解！」

(達)「うっそー。それって純米吟醸でしょう？　吟醸は冷やして飲むのが常識なんじゃないんですか？」

(山)「常識なんてないんですよ。確かに香りが高いタイプの大吟醸は、燗をすると香りが立ちすぎて、ツンと鼻にきたり、味の線の細さが強調されてぼけた印象になってしまうことがあります。だからラベルには「冷やして召し上がりください」などと書かれていることが多いんです。でも吟醸ならすべて冷やして飲んだほうがいいという意味ではないですよ」

（達）「でも、この間、燗酒好きな上司が、純米吟醸酒の燗を頼んだら、お店の人に「燗ならこちらです」と燗酒用と書いたリストを指されて、「お客さん、知らないんだね」と言わんばかりの顔でしたよ。あんな風に恥をかきたくないな」

（勘）「知らないのは店のほうだよ」

（山）「そうそう。私も飲食店ではなるべく店の流儀に従う主義なので、燗を断られたら憂鬱な気持ちになりつつ、仕方がなく別の酒を頼むことはありますよ。でも、タイプによっては、日なた燗や人肌燗ぐらいのほうが、ソフトな甘みが出て、冷やして飲むより断然、魅力的に感じることもあるんですよ。この「王祿　丈径」は普段は冷やして飲んでいたんだけど、蔵元の石原丈径さんと一緒に飲んだ時に、彼自身がぬる燗にしてくれたんですが、おいしくてめろめろになっちゃった」

（勘）「丈径さんも山同さん好みのカッコイイ人だもんね」

（山）「勘さん！　お酒の話してるんですけどぉ。大吟醸でも燗がおいしいと想定して造られた「九頭龍《くずりゅう》　大吟醸燗酒」なんていうお酒もありますよ」

勘「酒は嗜好品だし、吟醸は冷やして飲むべきなどというルールがあるわけではないんだよ。俺はお客さんの飲みたいように飲んでもらいたいから、燗でも冷酒でもなんでもうけるよ。もっとも冷やしたほうが旨いタイプもあるから、アドバイスはするけどね」

山「まずは店側のお薦めは素直に聞いたほうがいいと思いますよ。その上で、この店みたいに、ちろりや湯煎する道具が見えたら、きっと燗が上手なんだろうと判断して頼んでみたり。店主と良い関係を保ちつつも、より美味しく楽しめるように上手に要望を伝えていければいいなと思っているんです」

勘「お客さんが美味しく飲んでくれるのは店としては嬉しいよ。しかも、そういうお客さんはたくさん飲んで売り上げに貢献してくれるし（笑）。大歓迎だよ」

山「私なんか相当、貢献してますよね。そうそう、飲む温度で言えば、もうひとつの悩みは、キンキンに冷えた酒が出てくることが多いことですね」

達「冷たいお酒って、ぐびぐび飲めるし、爽快でいいんじゃないの？」

大吟醸で定評ある蔵が、燗で飲むことを想定して造った「九頭龍　大吟醸燗酒」（黒龍酒造・福井県）。バランスがとれた複雑で深遠な美酒。

「九頭龍」用に黒龍酒造が造った燗つけ器。塗りの箱に湯を張り、錫のちろりに酒を注いで湯煎にする。

㊤「発泡タイプならキンキンでも美味しいけど、味のあるタイプのお酒をビールぐらいの温度で飲むと、味も香りも立たず、そっけない印象になってしまうんです。すぐに飲みたいのをじっと我慢して、少し温度が上がってから飲むんです。酒を良い状態を保とうとして低い温度設定にしていることはわかるので、無理は言いたくないので……」
㊞「もう一つ、グラスをもらって移し替えて、温度を上げて楽しむという方法もあるよ」
㊨「あれ、そういえばここの冷酒は、そんなに冷え過ぎじゃないね」
㊞「保管用の日本酒用冷蔵庫の温度はマイナス5℃のが1台と、0〜3℃ぐらいに設定しているのが1台。常温で熟成したいのは棚に並べて、サービス用の冷蔵庫はもう少し上の温度に変えているんだ」
㊨「やりますねえ！　棚に日本酒が並んでいるから、ほったらかしにしてるのかと思ってました」
㊤「あら、お店も人も見た目だけで判断しちゃだめよ」
㊞「見た目が悪くてごめんよ」
㊤、㊨「わあ、ごめんなさい！」

その4

海の幸には海の酒、山の幸には山の酒

美味しい日本酒はお酒単独で味わっても美味しいものですが、日本酒と料理がぴったりと合ったとき、お酒も料理も旨さがぐーんとアップした、という体験をしたことはありませんか。では相性のいい組み合わせに公式はあるのでしょうか。郷土料理とその土地の酒は、同じ気候風土で生まれたものだけに相性がいいのは当然かもしれません。でも地域が異なっていても、風土が似ていると、料理と酒が互いの魅力を引き立て合うことが多いようです。私がたどりついた法則は、山の料理には山の酒、海の料理には海の酒が合うということです。

†魚介には海沿いの酒

新鮮な魚介が身近にある海沿いでは、とれたての海の幸を生でそのまま食べたり、さっとゆでたり、炙ったりと、料理方法はシンプル。下手に手を加えて、持ち味を台無しにするより、そのまま食べたほうが美味しいことを経験上知っているのでしょう。手をあまり加えていない魚介料理には、あまり濃くない、すっきりと喉越しの良い日本酒がよく合います。そのせいか、漁港の近くや沿岸部の地域で造られる日本酒は、酸が少なく淡麗で、さっぱりとした傾向にあるように思います。お酒だけで飲むとやや物足りなさを感じることもありますが、お酒が出過ぎず、魚介の持ち味を生かすタイプが目白押しなのです。

対して、山沿いの地域や内陸部では、畜産が盛んであったり、狩猟肉に親しんで来た伝統があります。また保存性の高い塩漬けや漬物、発酵食品などをよく食べている地域です。そんな内陸部地域の酒は、濃厚で、ふっくらとした印象を持ったタイプが多くあります。そんなお酒は、猪や鹿などのジビエ（狩猟肉）料理や、川魚の甘露煮、味噌でんがくなど、山の料理と相性が良いのです。

海のお酒の代表を挙げるならば、たとえば岩手県釜石市の「浜千鳥」。端麗で、ほんのりとした旨味があって伸びの良い味は、魚介の魅力を引き立てます。以前、蔵元に連れられて釜石市内の居酒屋へ行ったときに、どんこ、という白身の魚の肝たたきを、お酒と一緒に味わったことがあるのですが、昇天しそうな美味の世界を堪能しました。また宮城県塩釜市の「浦霞《うらかすみ》」、石巻市の「墨廼江《すみのえ》」「日高見」も、きりっとしたのど越しの良い酒で、新鮮な魚介にぴったりと合います。

南に下って、有数の漁港で知られる静岡県焼津市の「磯自慢」。フラッグシップの純米大吟醸中取りは、洞爺湖サミットの首相晩餐会の乾杯酒に選ばれたことで知られる逸品ですが、比較的安価な特別本醸造に至るまでのすべての酒が、繊細で透明感がありながら、スケール感のある酒質で、海の幸と最高の相性です。また富山県「勝駒」、石川県「宗玄」、福井県「黒龍」「早瀬浦」などは、越前蟹やグジ、ノドグロなど北陸の海の幸には欠かせない美しい酒です。

お薦めの海の酒
「浜千鳥」純米酒
（株　浜千鳥・岩手県）
岩手県釜石市の酒。ほんのりとした旨味が伸びやかで、魚介の魅力を引き立てる。

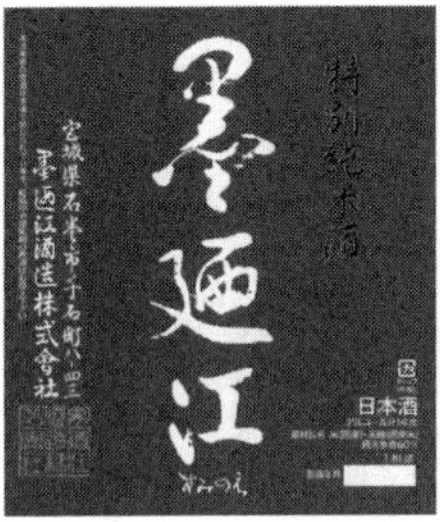

「墨廼江」特別純米酒
（墨廼江酒造・宮城県）
宮城県石巻の酒。旨味は控えめで透明感があり、喉越し爽快。牡蠣や白身魚と合わせたい美酒。

†山の料理には里山の酒

対して、山の酒として挙げたいのは、兵庫県姫路市安富町の酒「奥播磨」（下村酒造店）です。町の面積の九割を山林が占めるというロケーションにあり、山の料理を生かす、メリハリの効いた酒で、猪鍋や牛すき焼き、豚レバーのソテーなどとは感涙の相性です。また、大阪府の北の端、兵庫県と京都府もほど近い里山、能勢町の酒「秋鹿」は、たっぷりと旨味がありながら、透明感のある酸で切れはすっきり。鹿などジビエ料理や、味噌味の料理など、濃厚な味わいに負けない重量感があり、クリアな酸が肉の脂や料理の甘味を洗い流すので、もたもたと口に残ることもなく、爽快です。

なお蔵元によっては、大吟醸や純米大吟醸などの高級酒に関しては、全国を意識して造っているために、産地特性が薄れている場合もあって、海の酒、山の酒という分類が当てはまらない場合もあります。地元でも愛飲されている普通酒や純米酒などでは、この公式は、ほぼ当てはまるので、ぜひ、お試しあれ。

お薦めの山の酒
「奥播磨」山廃純米
（スタンダード）
（下村酒造店・兵庫県）
面積の９割が山林という町にある蔵。濃醇でキリリと締まるメリハリの効いた味が山の料理を生かす。

「秋鹿」（山ラベル）
山廃純米原酒
（秋鹿酒造・大阪府）
大阪府の山里にあり、旨味がありながら透明感のある酸で切れるので、肉の脂が残らない。

達人指南　身を委ねることこそ最高の至福

㊜「相性のいいもの同士を組み合わせると、料理もお酒も美味しくなることはよくわかりました。でも料理を注文するたびに、合うお酒を選ぶのは大変だなあ」

㊐「この店なら任せても大丈夫だと思ったら、私は日本酒選びを一任して、料理に合うようにコース仕立てにしてもらうことがあります。寛ぐために居酒屋へ行くのに、日本酒メニューと首っ引きで、一杯ごとに、常に次に何を飲むのかを考えなくてはならないのは億劫ですものね」

㊜「お任せということですか？」

㊐「そうです。店に任せてしまえば、連れとの会話に集中できるし、自分の知らない味の世界を体験できるかもしれません。料理にぴたりと合った日本酒が、絶妙なタイミングで出てくる至福。たまりませんよ」

㊜「会話に集中できてしかも美味しい！　それは、いいですね。……デートはその方式にしようっと。でも全然、好みじゃないお酒が出てくることもあるのでは？」

㊐「もちろんお店を選ばなくちゃだめですよ。まず、店主が聞き上手であること。店のお

薦めを押し付けることなく、客の好みを第一に考えてくれる人でないとね」
㊟「好みと言っても、僕みたいに初心者で、好みもよくわからない場合は？」
㊤「いいお店は好みを上手に引き出してくれますよ」
㊟「知識がないことがばれちゃうと、かっこ悪いし……」
㊤「わかる、わかる。彼女にいいところを見せたいんだもんね。でも、優れたプロは客に知識を求めることはないし、間違ったことを言ってもお客を立ててくれる。客を見下すような態度は論外ですよ」
㊨「はい！　タラの白子蒸し、お待たせ。なになに？　知識がないと恥ずかしい？　とんでもないよ。俺なんて知識のない人にこそ、お薦めする甲斐があるね。この機会に日本酒の魅力に目覚めてくれるかもしれないと思うと、気合が入るよ」
㊟「じゃあ、具体的にどんな風に言えばかっこいいんでしょう？」
㊤「たとえば、料理を3点注文して、それぞれに合うお酒を薦めてくださいと言ってみる。その場合、お料理は刺身と煮物と揚げ物、といったように味わいの違うものを頼んだ方が、日本酒も違ったタイプが出てくる可能性が高いから楽しいですよ」
㊟「おお、それなら知識がないことがばれないし、できる男に見えそうですね。しかも料理との相性は楽しめそうでバッチリですね」

㊤「料理との相性というより、日本酒そのもののバラエティを楽しみたいときは、日本酒でコース仕立てにしてもらうのもいいですよ」

㊍「その場合は、何杯飲みたいか、言ってもらったほうがいいね。山同さんみたいに際限なく飲み続ける人と、たっちゃんみたいにグラス2杯で眠くなる人と、構成の立て方が違うからね」

㊦「僕、最近ではグラス4杯ぐらい飲みますよぉ」

㊤「じゃあ、仮に2人で4合、90ミリリットル入りグラス4杯ずつ飲むとしましょうか。4杯違うタイプを飲みたいのですが、最初は軽い感じ、最後はぬる燗でいきたいので、あとはお任せしますと言ってみるとか。勘さんならどう組み立てます？」

㊍「そうだね。1杯目は発泡のうすにごり、2杯目はやわらかく、甘味もある純米吟醸。だんだん濃いものが飲みたいだろうから次は生酛で、最後は2年熟成のぬる燗とか。たっちゃんはソフトなタイプが好きなようだから、生酛より四段仕込みで、故郷、福島の「ロ万」なんかいいかもね」

㊦「旨そう！　甘くてソフトな感じなら女子受けもするよね。でも、お任せにしちゃうと、好きな味じゃないときに断れないでしょう？」

㊤「心配だったら、お手数をかけますが何種類か、提案してくれますか？　なんて風にお

願いしてみればいいんじゃない？　こちらに選ばせてもらうと、自分で選んだという満足感から、美味しさも倍増するものですよ」

㊧「そうは言っても、どんな味かわからなければ提案されても選べないし……好みに合わなかった場合に、1合（180ミリリットル）を飲みきるのはつらいなあ」

㊥「そうですよね。未知の味を試すときに、1合はリスクがありますよね。最近は、一人客のために、二分の一合サイズや、おちょこに一口など小容量ずつでも注文できるお店も増えていて、メニューに「小容量でも注文できる」と明記してある場合もあります。書いていない場合も、試してみられるかどうか、聞いてみてもいいと思いますよ」

㊦「うちも一口サイズあるよ」

㊥「知らなかった」

㊦「いつもあっという間に1合、飲んじゃうから言う必要ないかと思って……」

㊧「いいお店は、客人に合わせてくれるんだね、安心しました」

日本海の海の幸に合う「早瀬浦」（三宅彦右衛門酒造・福井県）。近隣で揚がったグジとなら、言うことなし。

その5　**季節の酒と旬を味わう**

酒造りが行われるのは、通常、晩秋から春先まで。〝寒造り〟と言われるように、冬場を中心に造られているのは、雑菌の繁殖が少ない、寒冷で乾燥した季節がふさわしいという理由からです。そして、十一月下旬ごろから搾りたての新酒が出回り始めます。ピチピチ弾けるような新酒を飲むと年末が近づいていることに気づき、新年の訪れを思います。日本酒は飲み手にとっては季節の到来を知らせる歳時記でもあるのです。

造り手は、晩秋に行われる、その酒造年度の最初の米洗い「洗いつけ」から、春に最後の米を蒸す「甑倒し《こしきだお》し」までの間、正月の短い休みを除いて毎日酒を仕込み続けますが、できた酒をただ順番に出荷しているという訳ではありません。酒の熟成度合いを確かめたり、飲む時期を加味しながら、飲み手が最もおいしいと感じるタイミングを計って、出荷しているのです。

たとえば、春先に出荷される生酒。若い酒特有のわずかな苦みを持つ初々しい味わいは、早春の味覚の代表格ほんのり苦い山菜と相性抜群です。

夏には、アルコール度数がやや低く、あっさりとした味の吟醸酒や純米酒を、「夏酒」として発売する酒蔵が最近増えています。暑いときに、すっきりとした日本酒をキリリと冷やして飲めば、暑気払いに最適です。また、日本酒に氷を浮かべてオンザロックで飲むことを提案して、夏にあえて濃醇な原酒を発売する蔵元もあります。ちなみに私のお気に入りは、ペンギンのイラストの「アイスブレイカー」（木下酒造・京都府）です。

暑さがおさまった秋口に、ぜひ味わいたいのは、「ひやおろし」です。春先に搾って火入れし、夏を過ぎるまで蔵のなかで熟成させ、火入れしないで出荷される生詰め酒のことで、フレッシュ感と熟成感がほどよく融合した味わいが魅力です。空気の透明感が際立つ秋の夕べ、冷や（室温）で味わうひやおろしは、しみじみとした美味しさ。まさに「しらたまの歯にしみとほる秋の夜の　酒はしずかに飲むべかりけり」という若山牧水の歌の世界に浸ります。食べ物の味も乗ってくる季節、秋の味覚の戻り鰹や松茸と合わせるのもこの時期ならでは。搾りたての春先には渋みや硬さがあった酒が、秋も深まるにつれて熟成されて角が取れて丸くなり、「秋あがり」とか「秋晴れ」と言われてきます。こなれた味の落ち着いた火入れの酒は、ぜひ燗にして味わいたいもの。

そして厳寒の冬。燗酒をちびちび味わいながら、鍋をつつき、窓の外の雪を眺める……。四季の豊かな国に暮らす幸せを、季節の味覚と旬の日本酒とともに堪能しましょう。

達人指南　日本酒でもてなす

㊌「上司や取引先など気の張る相手を日本酒でもてなす場合は、どんなお酒を薦めたらいいのでしょう。お酒の好みは、性別や年齢などでも違うみたいですが」

㊍「お、たっちゃん、日本酒に本気になってきたようだね。うれしいねえ。きちんと、もてなすことができたら、男が上がること間違いないよ」

㊌「僕が最近、日本酒のことばかり話すもんで、上司がどこか良い店へ連れてけって。接待する相手が日本酒に興味あるようなんです」

㊎「私見ですが、概して男性は有名な銘柄を好む傾向にあります。特に社会的地位のある男性は、有名な銘柄の斗瓶取《とびんと》りなどの限定品に目がないようです。社会の中での評価を選択基準にするのでしょうね」

㊌「部長はレアものに弱いから喜ぶなきっと。でも接待する相手は女性なんです」

㊎「女性は、銘柄の知名度はあまり気にしませんね。それより美味しいかどうか、見た目がカワイイかどうか。味やラベルデザインなど好みで選ぶ傾向にあります。選ぶ基準は世間ではなく自分。自分が好きか、嫌いか、なんです」

(勘)「飲酒経験でも違って来るよ。日本酒に慣れていない人には、冷酒のほうが無難だと思うな。ビールとかワインなど冷たい酒に馴染んでいる人が多いから、違和感がないんだ。フレッシュで、フルーティな香りがあって、甘味も酸味も弾けるような無濾過生原酒はきっとうけると思うよ」

(達)「僕、無濾過生原酒、好きです、好きです」

(山)「たっちゃん、若くて体力あるしねえ。私は無濾過生原酒は一杯でいいな。味も強いし度数も高いので、飲み疲れしてしまうの。二杯目は加水した穏やかな純米酒を常温で薦めてもいいいんじゃないかしら」

(達)「噂によるとかなりの日本酒ツウらしいです」

(山)「情報通なら、話題の新人が造った酒や熟成酒など、変わり種の酒を薦めると盛り上がりますね」

(達)「熟成酒か……カレンさん好きかな」

(勘)、(山)「えー外国の方!?」

(達)「アメリカ人なんです」

(山)「なんだ、それ早く言ってよー。私の経験では、欧米の方は山廃とか生酛《きもと》のような酸がしっかりしているタイプを好む傾向にあるみたい。ワインの場合は骨格がしっかりとしているもののほうが上物だからかもしれませんね。ブルーチーズと合うなんて言って喜ばれました」

(勘)「熟成酒も好きだよ。いいワインは熟成させて飲むからかもしれないね」

(山)「ホットサケといって、外国では沸騰しそうなほどアツアツの燗が出てくることがあるけど、あれは味も香りも飛んでしまって台無し。ほどよい温度のお燗を薦めてあげたら喜ばれるのではないかしら」

(達)「お燗かぁ……僕あんまり得意じゃないんだけど」

(勘)「自分の好みより、ゲスト第一だろ?」

(達)「そうでした！　じゃあ、生酛のお燗ください。飲んで勉強します！」

第3章

家飲みのコツ

お気に入りの日本酒を手に入れる

カジュアルで美味しい日本酒が出回るようになり、家でも気軽に日本酒を楽しむ人が増えています。家で飲むためには、お気に入りの1本を入手することから始めましょう。

欲しいものが決まっている場合に手っ取り早いのは、インターネットで検索して取り寄せること。ネット専門の優良な酒販店も少なくないので、上手に利用すればよいでしょう。ただし、人気銘柄はプレミアをつけて、高値で販売する業者もあります。レアな酒を入手したくなる気持ちはよくわかります。でも著名だからという理由で、飲んだこともない酒を無理して買っても、好みではなくて、がっかりするかもしれません。

自分に合った日本酒を探したい人、自分の好みがまだわからない人は、良いアドバイザーがいる小売り酒販店、いわゆる町の酒屋さんと、つきあうことをお薦めします。良心的な酒販店は、人気銘柄でも、まっとうな小売り価格で販売しています。蔵元とのつきあいも深く、限定品を扱っていたり、イベントを主催したり、美味しい飲み方の提案もあります。たいていの店でインターネット販売もしていますが、まずは近場のリアル店舗に足を運んで、あなたのことを知ってもらいましょう。顔見知りになったあとに、インターネットを利用するのが賢い付き合い方。つきあいが深くなるにつれて、あなたにピッタリ合ったお酒を提案してくれるようになることでしょう。

その1

自分に合った酒販店を探す

†情報を集める

酒販店（酒屋さん）に関する情報を収集する方法としては、マスコミ（雑誌の日本酒特集、書籍、地域のミニコミ誌）、ネット検索、ｆａｃｅｂｏｏｋなどのＳＮＳ、日本酒好きの知人からの口コミなどがあります。情報は数多く集めて、そのなかから気になる店や行きやすい場所などを選んで目星をつけるといいでしょう。私の経験では、一番信用できるのは、自分と嗜好が共通する友人の口コミです。良さそうな店の目星がついたら、できれば一度は足を運んでみることをお勧めします。

店主やスタッフの顔をみて店の様子がわかったあとなら、2回目以降は電話やネットのやり取りでも安心して任せられます。足を運ぶことは、こちらが店をチェックするだけでなく、相手に自分のことを知ってもらうという意味合いもあります。人気のある蔵元のお酒は入荷数も限られています。酒屋の店主がようやく仕入れた大事なお酒を、この人なら売りたいと思わせるためには、こちら側にも熱意があることを伝えることが大切です。ネット上で売買だけのやりとりだと、なかなか思いを伝えにくいものです。顔を合わせてつきあううちに、あなたの好みもわかってもらえるようになるでしょう。

遠方で足を運べない場合は、ホームページの文章をじっくり読んでみたり、メールや電話のやり取りをしながら、日本酒に対する取り組み方や愛情をチェックしてみましょう。

外から見るチェックポイント

清潔な店であることは基本。良い店は店の前の道路も清掃され、こざっぱりしています。日本酒をどう管理しているかも大切なチェックポイントです。日本酒は温度変化と紫外線に弱く、酒瓶が茶色や緑など濃い色がついているものが多いのは紫外線を防ぐためですが、それでも直射日光があたれば変質してしまいます。外に日本酒を並べている店は論外ですが、店内でも西日が直接あたる場所に置いてある店はお薦めしません。

店内で見るチェックポイント

美味しい日本酒を買いたいなら、日本酒に対する愛情がある店を選びましょう。愛情があればお酒を大事にしますし、最も良い状態でお客に手渡したいと考えます。店内を綺麗に掃除し、店主やスタッフも身ぎれいであろうと気を配ります。瓶を触ると、ほこりが手につくような店は最悪。客に失礼なだけでなく、ほこりがたまるということは何週間も（何か月も？）売れていないということ。仕入れたお酒に目配りができていない証拠でもあります。愛情を持って仕入れたお酒なら、そのお酒を欲しいと望む人と出会えるように努力をするはず。売れないからといって、ぞんざいに扱う店は愛情が不足と判断してもいいでしょう。

冷蔵庫は不可欠です。特に生酒や高精白の大吟醸などは温度変化に弱いので、冷蔵管理は必至。なかには店全体を冷蔵管理している店もあります。ただし商品によっては常温で置いても、短期間なら問題ないものもあるので、すべての日本酒を冷蔵庫に入れていないからといって、よくない店ということではありません。

テレビＣＭなどでお馴染みの銘柄だけではなく、知らない銘柄も並んでいたら期待していいでしょう。問屋任せにせず、店が直接、酒蔵と交

蔵元夫妻の顔写真がついた楽しい値札カード。蔵元の人柄やお酒の特徴が伝わる（福岡県「とどろき酒店」にて撮影）。

渉して仕入れていたり、日本酒に力を入れている酒類問屋から仕入れている可能性があるからです。品数は多いほど良いと言うことではありません。チェックしたいのは品数ではなく、扱っている日本酒1本1本に対する思い入れの深さです。

値札カードやPOPに、お酒の味や蔵元に関する情報などの言葉が添えられている店は高ポイントです。ぜひ目を通してみましょう。お酒について知ることができるだけでなく、店の思い入れを測る材料にもなります。また、会話の糸口になることもあります。

†話して確かめるチェックポイント

扱っている日本酒の味や造り方の特徴を、店が知っているのは基本中の基本。その上で、美味しく味わえる温度や合う料理などを提案してくれる店は、期待できます。ただし、その説明が難しく感じたり、薦める言葉が押し付けに感じたら、たとえそこが有名店だとしても、あなたにとって良い店とは言えないでしょう。買う側に知識がなかったり、描くても、真摯に聞いて導いてくれるのが、本当のプロフェショナル。あなたは知らないことを恥じる必要はありません。どうどうと質問し、要望を言ってみましょう。その結果、複数のお薦め候補を挙げたら、さらに高いポイントをあげたくなります。その店はあなたに、日本酒を選ぶ楽しみを味あわせてあげたいと考えている、と想像できるからです。

良さそうな店でも馬の合わないときもあります。無理に店に合わせることはありません。ただ、買い物が楽しかったり、店主が信頼できる人物だと感じたなら通ってみることをお薦めします。初めからジャストフィットするお酒を薦めてくれなくても、長くつきあうことで、お互いの理解も深まっていくものです。長年つきあううちには、あなたの顔をみただけで、その日、ほしいと思うお酒が魔法のように出てくる、なんてことも夢ではありません。

清潔であることは基本。この店では瓶もピカピカに磨きあげられ、1本ずつコメントが添えられている。

整然と並ぶお酒を見るとワクワクする。「話をしながら酒を選ぶというアクションを楽しんで欲しい」と店主は話す。（2点とも福島県「泉屋」にて撮影）。

その2　好みの日本酒を手に入れる台詞

味に対するイメージは、人によってまちまちです。日本酒の経験が浅く、自分がどんな味を好むのかが自分でもよくわからない場合、どんなことを酒販店に伝えればいいでしょう。

お薦めしたいのは、これまで飲んで、好きだ！　美味しい！　と思った銘柄を言うこと。または、その逆に嫌いだと思った酒の銘柄でも良いでしょう。優れた店ならば、それだけでも好みの傾向はつかめます。銘柄名を覚えていなければ、産地でもいいし、吟醸酒とか純米酒、山廃といった造り方に関して言うだけでもかまいません。ラベルの色やデザインを伝えるだけでもわかることがあります。飲んだお酒について記録したメモや画像があれば、ベストでしょう。

近隣の居酒屋などで飲んだ日本酒なら、その酒販店から仕入れていることもあるので、居酒屋の名前を言ってみるのもいいでしょう。わずかな記憶でいいので、自分の感想を言うことが大事です。知ったかぶりをして、飲んだことのない有名銘柄を挙げたり、ツウぶっても、プロは見抜いてしまいます。受け売りの情報ではなく、拙くてもいいから自分の言葉で素直に話し、日本酒探しに真剣であるという気持ちを訴えることが大切です。

なお、気に入った銘柄を挙げるのは、味の傾向を知ってもらうため。その酒そのものを買おうと思わないこと。銘柄にこだわりすぎると、本当に好きな味に出会える可能性を狭めてしまいます。

日本酒に馴染みのない方なら、普段よく飲んでいるお酒を伝えてもいいでしょう。ウイスキー好きな人は、あと口の切れ味の良いものを求め、白ワインをよく飲んでいる人の場合、きれいな酸がある日本酒を好む傾向にあるように思います。これは私の経験上の分析であり、すべての人にあてはまるわけではありませんが、このように普段、愛飲している酒類は、嗜好を伝える情報になります。

どんなシーンで飲むのかも貴重な情報です。焼き魚と飲みたいのか、すき焼きに合わせたいのか、料理が決まっているなら伝えましょう。幅広い料理に合う常備酒がほしいということもあるでしょう。ギフトにふさわしい日本酒も、異なります。たとえば、パーティに持参するなら、見た目のデザインが素敵で、しゅわしゅわっと泡が立つ発泡タイプなどは場が華やぎます。アウトドアでバーベキューを楽しみたいなら、濁り酒もぴったりです。冷やして飲んだほうが良い酒、燗にしたほうが魅力が発揮される酒もあります。好みがはっきりしているなら伝えましょう。

ある程度、飲みなれている人は、求めるタイプを言葉にしてみましょう。その際、香りの強弱、味わいの軽い重いを軸にして、自分なりのイメージを加えると、欲しい方向性が明確になり、酒販店側は薦めやすいものです。

意欲的な酒販店は、客が好みの味に出会えるように尽くしてくれます。多少飲みなれている人でも、まずはプロのお薦めに耳を傾けてもいいのではないでしょうか。薦められた酒について、納得できるまでどんどん質問して、試飲ができるならしてみましょう。興味が持てそうなら、知らない銘柄でも、お試しのつもりで購入してみてもいいのではないでしょうか。あなたにとって運命の美酒かもしれないのです。買ったお酒が残念ながら好みに合わなかった場合でも、できれば時期を置かずにもう一度、訪れて、ぜひ飲んだ感想を言いましょう。反応を返してくれるのは店としては嬉しいもの。さらに熱心に、あなた好みの酒を探す手伝いをしてくれるに違いありません。

達人指南　脱〝幻の酒〟ハンター

㊦達「うちの上役が、「酔々正宗」をネットで手に入れたって、自慢げに言うんです。うらやましいなあ。あれなかなか手に入んないんですよね、酒のディスカウント店で3万円で出てたけど僕には手が出ないや」
山「3万円‼　特約店なら3500円ぐらいで買えますよ。入手困難な有名銘柄を飲んでみたいという方の気持ちはわかるけど、3万円とは……」
達「特約店ってなんですか」
山「蔵元と信頼関係で結ばれ、直取引をする小売りの酒販店のことです。勘さん、この商店街にある「うまうま酒店」は確か「酔々正宗」の特約店ですよね」
勘「そうだよ。俺もあの店で買っているんだ。入荷数が少ないから限られた本数しかもらえないけど。はい、これが酔々正宗の新酒、搾りたてだよ」
達「え！　あるんだ！　あの、小さな酒屋さんで売ってるなんて驚きだな」
勘「たっちゃん、大きいとか、小さいとか、規模で判断するようじゃ、日本酒の達人への道のりは長いよ。あの店の店主は、「酔々正宗」がまだまったく無名の二十年前から良さを認めて、熱烈にお客さんに薦めてきたんだ。情熱の店主だよ」

㊅「初めから有名な銘柄なんてないし、有名になった蔵元のほとんどが、無名がゆえに売れない時代を経験しているんです。そんなころから、熱心に販売し続けてくれた酒販店に対して、蔵元は恩義を感じてる。銘柄が知られるようになり、全国の著名な酒販店から取引の依頼が殺到するようになっても、苦しいときから支援してくれた酒販店は、たとえ規模は小さくても特別な存在だと大切にする蔵元は多いんですよ」

㋕「だから、うまうま酒店には、季節限定品も入荷するんだよ」

㋟「うわあ、「酔々正宗」、旨いよ〜。僕も、うまうま酒店へ買いに行けば手に入るの？」

㋕「初めて行ってすぐ手に入れるのは難しいだろうな」

㋟「そんなぁ、買える人と買えない人がいるなんてずるいよ」

㊅「ずるいかしら？　苦しいときから支援してくれた酒販店に対して、蔵元が恩義を感じて大切にするのと同じで、酒屋さんだっていつも買いに来てくれるお客さんのほうを大切にするのは仕方がないんじゃない？」

㋕「そうだよ。酒屋だって、本当はどんなお客さんにも同じように売りたいはずだよ。でも入荷数が少ない場合は、「酔々正宗」が無名なころから買い続けてくれるお客さんに優先して販売しようとするのは人情だよ」

㊌「そうだね。僕も仕事で長年世話になっている取引先を大事するもんな。でも、やっぱ、無名なお酒より有名銘柄だけ欲しいもんなあ」
㊒「そんな風に希少な酒や有名銘柄だけを漁る人を〝幻の酒ハンター〟っていうんだよ。酒販店で「○○ある？」と聞き、無いとわかれば、ほかの酒には見向きもせず店を出て、ほかの店を物色する……。でも損だと思うよ、幻ハンターは。ハンターと思しき客に、酒販店はたとえ店にあっても「無い」と答えるよ、きっと」
㊓「入荷数が少ないお酒は店頭に出さないで、馴染みの客のために店の奥にとってあることが多いからね。しかも、蔵元から保冷の宅配便で直送され、店の冷蔵庫できちんと管理されているから状態もいいはずです。オークションでも買えるかもしれないけど、出品される前に、どこをどう巡って、どんなふうに管理されていたかもわからないでしょ？　前に「十四代」蔵元で杜氏の高木顕統さんも、オークションではお客様が入手したときにすでに劣化している可能性もある、品質が心配だと話していました」
㊌「わあ、あの有名な「十四代」？　何万円も出さないと買えない幻の酒だよね」
㊒「「十四代」だってもとは無名な酒だったし、いまも決して〝幻〟なんかじゃない。特約店契約を交わす酒販店にはまっとうな価格で販売されているよ」
㊓「特約店で買えば、特別本醸造の「本丸」は税抜きで2000円ぐらいです」

達「上司は確か1万5000円でゲットしたって言ってた」

山「味はどうだったのかしら。髙木さんは「求められていることは嬉しく思いますが、飲んでその味が十四代だと思って幻滅しているお客様が大勢いらっしゃるのかもしれない。でも僕にはどうにもできない」と憂慮していました」

勘「希少なだけに入手してから長期間とっておいて、それから飲む人もいるようだし」

山「あるとき「品質に問題があるんじゃないか」と蔵に送られてきたお酒が、何年も前の生酒だったことがあったって。どうも常温で置いてあったものらしいのよ。髙木さんは新しいものをお送りし、「なるべく早く召し上がってください」とお手紙も添えたと話してくれました」

勘「誠意あるね」

達「でもさ、「酔々正宗」にしても「十四代」にしても、これだけ欲しい人がいるんだから、もっとたくさん造ってくれたらいいのに」

山「たくさん造れないことはないでしょう。でも大量に造ったら、いまのあの味ではな

「十四代」の製造責任者で、髙木酒造15代目の髙木顕統さん。精緻な酒造りで定評がある。

くなると思いますよ。高木さんも「飲んでみたいという方に行きわたらないのは申し訳ないと思います。でも自分が目の届く範囲はこの量が限界。これ以上増やしてできた酒は十四代ではなくなってしまう。ファンを裏切ることになる」と言い切っていました」

㊤「量を造ると味が変わるの？」

㊍「じゃあ、この陶器の盃と、ガラスのコップを例にとって説明しようか。盃は俺が贔屓にしている陶芸家の作品なんだけど、ひとつひとつ微妙に違うし、味があると思わないかい？　彼、日本酒が大好きでね、この盃で飲むと格別に旨くなるんだ。ガラスのコップはフランスの有名メーカーのものだけど、大量に生産されたプロダクトだ。フォルムも綺麗だし、いつ買ってもどれもまったく同じで機能的なところが気に入っている。優劣じゃないけど味が違う。もの造りの方向性の違いだと思うんだよ。だから作家が機械で大量生産してしまったら、この盃は作れないってことさ」

㊥「勘介さんが言いたいのは、日本酒にも、陶芸作家の作品のような姿勢で造られるものと、工場で生産される大量生産品があるということですよね。作家のほうは人の作品ゆえの温かみや、微妙な揺らぎがある。対して工場で生産されたほうは、きちんと造られた隙のなさがある。どちらがいいか、好き好きだと思うけど、私の心に響く日本酒は、この呑兵衛作家の盃みたいなアーティスト性のあるものですね」

㊧達「なんとなくわかる。この盃も、酔々正宗も、作家の顔が浮かぶもん。でもさあ、人気銘柄をどうしても手に入れたい場合はどうすればいいんだろう」

㊧勘「幻ハンターは卒業し、じっくりと酒販店と信頼関係を築くことをお薦めしたいね。店によっては会員向けの頒布会に組み込まれていたり、年に何回か売り出す日が決められていたり。酒販店もできればお客さんみんなに平等に売りたいから苦労しているんだ。酒販店と親しくなればいろいろ情報も入ってくるよ。時間はかかるかもしれないけど、結局はそのほうがお得だと思うよ」

㊧山「いま人気のお酒を追いかけるだけじゃなくて、将来のスターを発掘してみたら？　いつかブレイクすると思いながら支援する気持ちで飲む愉悦、たまりませんよ」

※「酔々正宗」と「うまうま酒店」は仮想です。

飲み方自由自在

キーンと冷えた冷酒、ほんのり温かい人肌のお燗、そしてアツアツの飛び切り燗まで。日本酒は世界でも類をみないほど、幅広い温度帯で楽しめる酒です。お気に入りの日本酒を見つけたら、いろいろな温度帯で飲んでみて、自分のベストを見つけてみましょう。冷凍庫で冷やしてショットグラスに注いで、喉にクイっと放りこんでみたり。思いっきり高い温度に上げて、小さなお猪口でちびちび舐めたり。わざと燗冷ましにして、ゆるい味を楽しんだり。オンザロックや炭酸割り、ワイングラスに注いで、果物を浮かべてもいいのです。飲食店では断られるような飲み方を試すことができるのも、自宅ならでは。自分や家族が、楽しめるならば、どんなことをしてもおかまいなしです。

合わせる料理も自由自在です。ハンバーグや餃子、ピザ、チーズ、チョコレートやスイーツ、果物など、いろいろなものと一緒に飲んでみたら、意外な美味しさを発見できたり。好き放題、試してみればいいのです。ルールはありませんが、お気に入りの日本酒を台無しにしてしまったら、取り返しがつきません。タイプ別の美味しい温度や相性の良い料理など、基本を抑えていれば失敗は少なくなり、応用も利くはずです。さあ、あなたもめくるめく日本酒ワールドを体験しましょう。

その1　好みの温度を探す

一年中、燗酒を飲むのが好きな人もいれば、冬でも冷酒が好きな人もいます。好みの温度は人それぞれですが、酒質によっても魅力が引き立つ温度は違います。酒の温度と味に関する基本を紹介しましょう。

†味覚と温度の関係

酒の持つ甘味と酸味、その質によって、美味しく感じる温度は違います。それは人間の味覚が関係しています。人間が甘味を最も強く感じるのは、体温を越える37℃あたり。ここでピークになり、それより高くなってもあまり変わりません。酸味は、強弱は温度ではあまり変わりませんが、印象が変わります。また酸のタイプによっても異なります。

おおざっぱに言うと、リンゴ酸は常温より低い温度のほうが爽やかで、高い温度ではぼけてしまいます。そこで、リンゴ酸が主体となったような、軽い味わいの日本酒の場合は、冷やして飲んだほうが、爽やかさが映えます。燗にすると、甘味は強く感じますが、酸がぼんやりとしてしまうので、締まりのない印象になってしまうのです。

乳酸は低い温度では刺激的に感じますが、体温以上の温度に上げるとまろやかになります。そこで、乳酸が主体となった山廃や生酛造りの酒を冷やで飲むと、酸が浮いてトゲトゲした印象の場合があります。温度を上げると、甘味のボリュームはアップし、酸はまろやかになるのでバランスがとれ、締まった美酒になる、という訳です。

†タイプ別のお薦め温度

発泡する活性酒や活性にごり	約5℃の冷酒
軽やかな生酒や大吟醸など	約10℃の冷酒
ソフトな味わいの吟醸酒、純米吟醸	約15℃の冷酒、常温～約40℃のぬる燗
ふくよかな旨口の純米吟醸、純米酒	約15℃の冷酒、常温～約45℃の上燗
フルボディの純米酒	約15℃の冷酒、常温～約55℃の飛び切り燗
生酛、山廃純米	常温～約30℃の燗～約50℃の熱燗

これはあくまで目安であり、個々の酒によっても変わります。好みを最優先して、いろいろ試してみてください。

達人指南　日本酒を飲むと太る、悪酔いするという誤解

㊥「たっちゃん、このあいだのホームパーティどうだったの？　新婚さんのお宅にお友達が集まる会に、日本酒を持ち込むってはりきっていたけど」
㊦「ああ……あの酒は旨いって評判でしたよ。でも日本酒って太るんだってね。カロリーが高いから太るって、彼女、ちょっとしか飲まなくて……」
㊥「彼女？　ああ、前に話していた静岡の方ね」
㊦「フルーティで美味しいわなんて言ってくれたけど、ひと口飲んだあとは全然、話にのってこなくて……もうだめかも。勘さん！　お酒、もう一杯ください！」
㊥「話に乗ってこなかったのは、日本酒のせいじゃないと思うけど」
㊦「やっぱり僕の話が面白くないのかな……ショック……」
㊥「ごめん、ごめん。そんなことないわよ」
㊖「そうだよ。それは誤解だよ。アルコールを含んだ酒類は、どれも1グラムにつき7キロカロリー。摂取カロリーはアルコール度数と飲んだ量で決まる。しかも、アルコール類はすぐに熱として放出されるエンプティ（空の）カロリーといわれるもの。糖類を含んで

いるとはいえごく微量だし、日本酒だから太ることはないんだよ」

㊨「なんだ勘介さんが否定してくれたのは、そっちか」

㊧「うん!? なんのこと?」

㊨「いいんだ、いいんだ。勘さん、酒、もう一杯! で、酒が太らないという話、続けてくれます?」

㊧「おっし。カロリーは空とはいえ、お酒を飲むと食欲が湧くので、つい食べ過ぎてしまうということはあるね。でもこれはすべてのアルコールに共通だよ。アルコールを摂取することで、血行がよくなり、胃液も活発に分泌されるので食欲が増すんだ」

㊪「太りたくないからと言って、空腹で飲むのはアルコールの吸収が早くなるので、体には負担がかかるの。たっちゃん、お酒ばかり飲んでないでなにか食べたほうがいいわよ」

㊧「そうだよ。酒を飲むときは豆腐などの良質なたんぱく質や少量の揚げ物、たっぷりと野菜を食べなくちゃ」

㊨「はい、じゃあ鶏豆腐いただきます。でも日本酒は悪酔いする、ひどい目にあったって言う奴、同僚でも多いけど……ひくっ」

㊪「冷や酒は悪酔いするなんて言う人いるわね。これも誤解だと思いますよ。冷酒や、常温の日本酒は口当たりが優しいし、抵抗なく喉を滑っていくので、するする飲んでしまう。

旨すぎるから、つい飲みすぎて悪酔いしてしまったことを、日本酒のせいにしているんじゃないのかしら」

勘「そうそう、日本酒は悪くないよ。ただ、燗のほうが自然に量をセーブできるという利点はあるね。アルコールは一般的に体温に近い温度で吸収される。冷たいお酒は時間をかけて吸収されるので、なかなか酔いを感じず、時間が経ってから急にガクンと酔いが回るということが起きてしまうんだ。その点、燗酒の場合は、飲んだときから吸収されるから、自分の酔いの状態を把握しやすいと、医者が言ってたよ」

山「お燗でも、体温に近く温めた燗酒は身体に良いと、江戸時代の学者、貝原益軒も『養生訓』で述べています。冷やでも、燗でも、自分の適量を見極めることが肝要ね」

達「そんなことを言っても、やっぱり飲みたいときは飲んでしまうよ」

山「そうよね。私も数多くの失敗を重ねてきたけど、日本酒と一緒に水を飲むようになってから、飲みすぎてしまうことも減って、ほとんど二日酔いもしなくなりました。ほら、たっちゃんも、目の前にある、このお水飲んだほうがいいですよ」

達「水？　酒を飲みながらも水を飲むなんて野暮だって上司が……」

勘「野暮？　昔堅気もいいけど健康に飲むほうが大事だから、チェイサー代わりに蔵元から送られてくる仕込み水を出しているんだよ」

(山)「日本酒造組合中央会でも、日本酒を飲む合間に飲む水のことを「和《やわ》らぎ水」と呼んで推奨しているの。胃の中のアルコール分が下がることになるので、酔いがゆっくり回るんですよ。舌をリセットするので、気分もリフレッシュする。だらだら飲み続けるのを防ぐ効果もあると体験的に思いますよ」

(勘)「一杯日本酒を飲んだら、水も一杯。和らぎ水を飲むことを習慣づけるといいよ」

(達)「はーい、わかりました。うん、和らぎ水を飲んだらなんだかシャキッとしてきたぞ」

(山)「その調子！　たっちゃんカッコイイんだから、もっと自信をもって」

(勘)「こんどその彼女、うちの店に連れておいでよ。援護射撃してあげるからさ」

(山)「日本酒の上手な飲み方を教えてあげればいいのよ。この店なら勝手を知ってるし、勘さんが上客扱いしてくれるんだから安心でしょう？　女は、男の人の酒場のふるまいを見て品定めするのよ。毅然としてるたっちゃんを見たら惚れるかもよ」

(達)「頑張ります！」

ボトル詰めした「天明」（曙酒造・福島県）の仕込み水。

その2　料理と日本酒の合わせ方の基本

日本酒は、料理の味を包み込みながら、そっと持ち上げてくれる万能の食中酒です。白いご飯がいろんなおかずを引き立てるのと似ていると思います。また魚介類特有のにおいをマスキングし（覆い隠し）て、旨そうな香りに変えるのも日本酒ならではの特質です。包容力のあるお酒なので、料理との相性は、ワインほど神経質になる必要はありません。でも、一緒に楽しむことで、酒も料理ももっと美味しくなる組み合わせがあるのは確か。では、どんな点に注目したらよいのでしょう。

日本酒と料理の濃度を合わせる

お酒と料理のボリューム感が近いと、片方だけが目立ってしまうことなく、お互いを引き立てます。食材でいうならば、米を高精白した大吟醸や線の細い純米吟醸など繊細なタイプは、白身魚や鶏ささみなどを使った淡泊な料理とよく合います。山廃や生酛など腰のしっかりとした濃醇なタイプの日本酒は、ブリやサバなど脂ののった魚や鯨、牛肉などとぴったりです。味付けは、すっきり爽やかな生酒には塩味、こってり濃厚な純米酒には甘辛いタレ、を基本に考えると良いでしょう。

海の幸には海の酒、山の幸には山の酒

あっさりしたタイプが多い海辺の酒は、魚介料理に合いやすく、濃醇なタイプが多い内陸部の酒は、狩猟肉に合うことが多いように思います。こんな風に、お酒と料理の風土が似た同士を組み合わせると、良く合うことが多いようです（p．127〜130参照）

チーズと酸の効いたメリハリタイプ

チーズやクリームなど乳製品を使った料理は、意外に日本酒と良く合います。特に乳製品に負けないコクと、しっかりとした酸もあるタイプなら、旨味は堪能できて後味も爽快です。たとえばにごり酒や、「凱陣」（丸尾本店・香川県）、「而今」（木屋正酒造・三重県）、「風の森」（油長酒造・奈良県）、「七田」（天山酒造・佐賀県）は、乳製品と良く合うお酒です。

中華料理と山廃、熟成タイプ

軽い中華料理はどんなタイプでもよく合います。マーボ豆腐のように旨味が強くピリ辛味の場合は、しっかりとした純米酒や、山廃や生酛など腰の強いタイプと合います。黒酢を使った場合には、ぜひ長期熟成したお酒と合わせてみてください。黒酢と熟成酒は風味に共通点があり、驚くほどよく合うのです。

香りで合わせる

上立ち香の強いタイプの吟醸造りのお酒は、シソやミョウガ、山椒など、香りの強い野菜やハーブ類をあしらった料理によく合います。また、吟醸酒や純米吟醸酒、純米酒や生酒などのなかには、桃や柑橘、イチゴ、キウイなどの果物のような香りを持っているものがあります。そんなお酒は、イチジクの胡麻和えや、柿の白和え、生ハム&メロンのように、果物を使った冷製料理と非常によく合います。その日本酒の香りに似た果物と合わせたらさらにぴったりです。

イチゴのような甘酸っぱい風味が漂う「山和」特別純米　蔵の華（山和酒造店・宮城県）。

パンにチーズやレバーペーストを塗って、イチゴを載せたイチゴカナッペと「山和」は、胸からハートが飛び出そうな究極の相性だ。

その3

禁じ手にもチャレンジ。飲み方自由自在

居酒屋で飲むとき、私は店の流儀に任せます。店の考えや方法を尊重したいし、相手に委ねることで、思いがけない美味しさや楽しさに出会えるからです。でも自宅では違います。誰にも気兼ねする必要はないし、失敗しても自分ががっかりするだけ。誰にも迷惑はかからないのです。思い切って熱い燗にしてみたり、水で割ったり、ブレンドしたり……。こんな飲み方をしたら、造った人に申し訳ないなんてことを考えず、いろいろ試していますす。思わぬ発見もありましたよ。ぜひ、自己流で楽しんでみてください。

あえて燗冷ましにする

「燗冷まし」とは、燗酒が冷えて腰がなくなり、美味しくなくなった状態を指す言葉。でも酒質によっては、たまらなく旨くなる場合があります。お薦めのタイプは、旨味はたっぷり内包しながらも、冷やして飲むとゴツゴツした印象の純米酒。たとえば「妙の華」(森喜酒造・三重県)は、冷やで飲むと、ぼんやりとした印象の場合が多いのですが、55℃ぐらいの高めの温度の燗にして、冷ました「燗冷まし」にすると、味わいはクリアに、輪

郭はくっきりと、広がりが出て、震えるほど旨くなることがあります。

オンザロックにする

ロックグラスに大き目の氷を1個入れて、日本酒を注いでオンザロックにすると夏向きの味わいになります。濃厚で味の太い無濾過生原酒などがふさわしく、大吟醸や線の細いタイプは向きません。私のお気に入りは、ペンギンのイラストが描かれた「アイスブレイカー」（木下酒造・京都府）。クラッシュアイスならさらに爽快です。

濃厚な味わいで、オンザロックで美味しい「アイスブレイカー」（木下酒造・京都府）。酒の名はちょっと休息との意味。

割水燗《わりみずかん》

ごく少量の水（酒の分量の5％〜10％）と酒を合わせて、燗にする方法。ゆるりとした優しい味わいになります。日本酒を水で割ることに抵抗感がある人もいるかもしれませんが、製造過程でも通常の場合はアルコール度数を調整するために、「加水」といって水を加えています。飲むときに水で割るのだから、いわば自家製の加水です。

燗をしないで、加水するだけの水割りも旨いかもしれないと思って何度か試してみましたが、私が試した範囲では酒と水がうまく馴染まず、水っぽくなってしまいました。燗にするとほどよく混じり合い、旨さはそのままにアルコール度数は下がるので、体に抵抗なくすっと馴染むのでしょう。なお、この割水燗をする場合は、度数の高めの原酒の方が味が崩れないようです。

ソーダ割り

日本酒をソーダで割って飲む、いわば日本酒ハイボール。日本酒の持つ旨味や甘味を楽しみたいので、ソーダは甘味料などで味付けをしていないものがお薦め。私が普段使うのは「サントリー　ザ・プレミアムソーダ」と「ウィルキンソン　タンサン」ですが、日本各地で造られている地サイダーで割るのもお薦めです。割ることで味が薄まるので、日本酒は濃醇なタイプのほうがいいようです。割ってぼんやりした印象になってしまったら、ほんの少し柚子やスダチ、ライムなどを搾り入れれば、メリハリが効いてフレッシュに。

炭酸を注入して速成スパークリングに

家庭用の炭酸水製造装置で、自家製スパークリング日本酒を作ってしまうというもの。「会津娘」（髙橋庄作酒造店・福島県）蔵元の髙橋亘《わたる》さんが「酒蔵で槽口から流れ落ちてきたばかりの搾りたてのお酒のような、溌剌とした味わいを楽しんで飲んでもらえる方法がないかと、いろいろ試した結果たどりついた」というのが家庭用の炭酸水製造装置です。通常は水にガスを注入して炭酸水を作るところを、水を日本酒に替えて炭酸を注入するという方式です。

高橋さんの提案を、最初に実践したのが東京・笹塚の居酒屋「兎屋」。メニューの最上段に「酒《しゅ》ぱーくりんぐ」として紹介しています。

店主の橋野元樹さんは「蔵元が公認ならばと、お客様にお薦めしたところ大変好評です」と話します。早速注文して飲んでみたところ、お酒、そのままの味わいよりも、酸がシャープに際立って、口開けの一杯にぴったりな爽快な味でした。その次の一杯は、泡を注入しないままで飲むと、日本酒の柔らかい風合いをいつも以上に感じることができて、その日本酒の魅力を再発見できました。

この装置で泡を注入すれば、家庭に発泡タイプの日本酒を置いていない場合でも、ビールではなく日本酒で「まずは一杯」の乾杯ができますし、2杯目の日本酒にすんなりと移行できるように思います。

東高円寺の居酒屋「天★《てんせい》」でも、同じ装置を使って、酷暑の夏に、「ロ万《ろまん》」でスパークリングを作って出してくれました。四段仕込みで造った甘さのたっぷりした日本酒に、ほどよく泡が溶け込んで、優しい旨味と弾ける泡が融合。その日カウンターにいた客全員から拍手喝采でした。

大人の濁り酒カクテル

これも蔵元に教えてもらったカクテル。「磐城壽」（鈴木酒造店・福島県浪江町、長井蔵・山形県）蔵元の鈴木大介さんは、クラッシュアイスに、日本酒度−《マイナス》22の甘くて旨味がたっぷりした活性濁り酒「標葉《しねは》にごり」を注ぎ、ダークラムを2〜3滴垂らして飲むと旨いと薦めてくれました。なお、この濁り酒は夏に出荷されるのですが、ぬる燗にして飲むと、身体にやさしく染み通って、飲んだあとにシャッキリ。夏バテ防止にぴったりでした。さらに鈴木さんは「温かい牛乳で割ってもいいし、冷たい牛乳でも美味しいですよ」と教えてくれました。牛乳と聞いてゲテモノと思ったあなた、試してみて旨くてびっくりしない

炭酸製造機に、水の代わりに日本酒「ロ万」を投入する。

日本酒に炭酸を注入して発泡タイプに早変わり（東京・東高円寺「天★」にて撮影）。「甘味やコクのしっかりしたタイプの方が合う」と店主の早坂登志男さん。

ように。

ブレンド

違う日本酒をブレンドして飲む方法。禁じ手中の禁じ手。3種類の日本酒を同時に飲んで比べていたとき、間違って片方が入っていたグラスに注いでしまったのを飲んだら、意外に旨くて驚いたことがあります。思い切って3種を1つのグラスに同量ずつ注いでブレンドしたら、非常にバランスのとれた美酒になったのです。

ただし、個性も薄れて、良い酒ですが面白味はなくなったのも事実。そこでブレンドしたものと、していないものを改めて飲み比べてみると、それぞれの特徴が際立ち、持ち味を知ることができました。面白い体験です。

また、同じ蔵元の酒を比べ飲みしていたとき、若くて硬い印象の新酒に、1年熟成した酒を少しだけ加えてみたら、まろやかな印象になったこともあります。自宅ならではの密やかな愉しみとして、チャレンジしてみると新しい発見があるかもしれません。

達人指南　保存のコツ。日本酒が酢になった⁉

㊜「家のキッチンに置いといた日本酒が酢になってしまったんです。もう飲めないですよね？」

㊝「色が濃くなって、酸味を強く感じるようになっただけじゃない？　それ、お酢になった訳じゃないんですよ」

㊞「酢は日本酒やアルコールを原料に酢酸発酵して造るものだから、日本酒の瓶の中で酢酸菌が発酵することは、通常では考えにくいんだ。本当に酢のように酸っぱくなったとしたら、醸造で大きな問題が生じたのか、瓶詰の段階などでなんらかの異物が混入したのか。いずれにしてもなんらかのアクシデントだけど、初めはまともなお酒だったんだろ？」

㊜「はい。それが色が茶色くなってきたし、飲めるかどうか心配で……」

㊝「日本酒には製造年月は記されているけれど、賞味期限や消費期限は記されていないから不安ですよね。日付が古くなったり、色が変わった日本酒が飲めるかどうか、気になるのは当然だと思いますよ。でも結論から言うと、日本酒には比較的高いアルコールが含まれているので、開封されていなければ、腐敗することはまず考えられません」

勘「乱暴にいうと、開封しない以上、いくら古くても飲んで害になるような変質はしないということになるよ。ただ古くなっても飲める一方で、その味がいつまで経っても美味しいかどうかは、別の問題だよ」

山「日本酒は搾った瞬間から空気に触れ、徐々に酸化熟成していきます。搾ったばかりの新酒は、淡い黄色味を帯びた色合いですが、だんだん山吹色になり、次第に琥珀色を帯び、さらには濃い茶色になります。風味は、搾りたてのときは、新酒特有の麹のにおいや、もぎたてのフレッシュな果物のような香りですが、次第に落ち着き、さらに月日が経つと、シェリーや紹興酒のようにナッツのような香りと酸を感じる熟成香が生じてきます。こんな風に香りも味も、刻々と変化していくんですよ。その時々の状態を楽しめばいいんだけど、蔵元も酒販店も基本的にはおいしいと思う時期に販売しているから、買ってきたら家のなかで室温の低い冷暗所か、冷蔵庫に収納して、なるべく早く飲みきったほうが無難だと思います」

勘「熟成のスピードは、酒の造り方や保存場所の条件によって大きく変わるんだ。吟醸酒や大吟醸など、高精白な日本酒はデリケートだから冷蔵庫での保管はぜひものだね。特に加熱殺菌をしていない生酒は、熟成が進むと「生老《なまひ》ね」と言って、ヨーグルトを温めたような独特の風味が出やすいんだ。なかにはその風味を好む人もいるけどね」

山「冷蔵庫で保存すれば、色も香りも変化はゆっくりになりますが、生酒のフレッシュ感を味わうには1か月以内に飲みきるほうがいいと思います」

勘「一方で、あえて変化を進めたほうが美味しく感じることもあるよ。栓を開けたばかりの酒が、香りも立たず、味も硬い印象だったので、一口飲んで放っておいたら、三日目には美味しくなったということはよくあるんだ。開栓したことで空気に触れ、ほどよく熟成が進んで、香りが花開き、味はまろやかになったんだね。うちの店で、開栓したばかりの口開けの酒を喜ぶお客さんは多いけど、実は瓶の底の最後の一杯のほうが旨いこともあるんだよ」

達「へえ、そうなの。新しい瓶を開けてくれるのは嬉しいけど、必ずしも一番美味しい訳ではないんだね」

山「私はうちで飲むときに、味が硬いと感じたら、瓶からデカンタなど別の容器に一度移してから飲んだり、デカンタから、もう一度、酒瓶に戻すというダブルデカンタという方法で一気に酸化熟成を進めてしまうこともあります。ワインではよく使う方法なんです」

勘「なるほどダブルデカンタか。お客さんの目の前でやってみせたら盛り上がりそうだね」

達「もう一度、家での保管についてまとめてくれませんか？」

㊐「了解。まず品質保持という意味では、家庭では、あまり神経質になる必要はないと思います。冷蔵庫に入れるか、直射日光があたらず、温度変化の少ない地下室や食品庫など冷暗所に保管する。生酒のフレッシュ感を楽しみたいなら1か月以内、変化も楽しみたいなら半年以内、火入れした酒なら1年以内に飲みきることを原則と考えればいい。マニアックな楽しみでは、あえて何年も常温で保存して、長期熟成酒にしてから飲むという方法もある。どの段階で飲めば美味しいと感じるか、個人差が大きいので好き好き、というところかな」

㊌「じゃあ、うちにあるちょっと酸っぱくなって、おいしくなくなったお酒はどうすればいいのでしょう？」

㊙「料理に入れればいいよ。日本酒は万能の調味料なんだ」

㊌「僕、一人暮らしだし、料理しないんです」

㊐「お風呂に入れて酒風呂にすればいいんですよ。温まるし、お肌の保湿効果もあるみたいです」

㊌「あ、だから山同さん、お歳の割に肌が艶々なんだ」

㊐「こら！　歳の割に、が余計です！」

日本酒の変化の一例

色	香り
淡い黄色	フレッシュな香り ・麹のにおい ・果物
↓	↓
山吹色	落ち着いた香り ・穀類
↓	↓
琥珀色	香ばしい風味 ・ドライフルーツ ・ナッツ
↓	↓
濃い茶色	熟成した風味 ・紹興酒 ・醬油

第4章
知っているとさらに美味しくなるプラス知識

知るほどに味わいは深くなる

酒を心から愛し、究極の嗜好品だと捉えている私は、自分の好き嫌いを大切にしたいと思っています。知識先行で酒を飲んだり、データに囚われたくないと考えています。

その反面、知識があることで、より深く楽しめることも体験上知っています。米という農産物を原料に、微生物の力を借りて、我々の先祖が長年かけて編み出した複雑な技で醸される日本酒。日本酒は、農産物の延長にあり、各地を代表する産業であり、また日本独自の文化でもあります。その技を深く学び、地域文化としての側面や、味のトレンド、マーケット動向に目を向けることは、自分の国を知るということでもあります。私たちが日本酒を口にするまでの間には、米を育てる人、酒を造る人、売る人、料理とともに飲ませてくれる人など、多くの人が関わっています。一杯の日本酒に、たくさんの人間の思いがぎゅっと詰まっているのです。

知れば知るほど物語が湧いてくる、枯れない井戸のように広大で深遠な日本酒の世界。物語に親しんでから味わうお酒は、ひと味違います。頭だけで酒を飲みたくありませんが、知的好奇心を満足させてくれるのもお酒の魅力。大人だけに許された愉悦を全身で満喫しようではありませんか。

その1　**最も大事で難しい　麹造りの話**

日本酒の原料は米と米麹、水。このうちの米は、農家や各種組合から購入します（一部の蔵元では自家栽培しています）。水は井戸を掘ったり、水道をひくことで得られます。では米麹はどうやって手に入れるのでしょう。

実は、米麹は酒蔵のなかで造られます。お酒の大事な原料ではあるのですが、外から買ってくるものではなく、蒸した米に種麹《たねこうじ》菌をふりかけて、2〜3昼夜かけて育成することで得られるものなのです。しかもここでできた米麹の質は、旨い酒を造るために最も大切なポイントであると言われます。

日本酒造りで大事なことは「一麹、二酛《もと》、三造り」と格言のように言い習わされていますが、これは単なる工程の順番ではなく、大切な順に表したものだといいます。つまり「一麹」とは、麹が一番大切であるということを指している言葉です。

麹をうまく造ることができれば、酛（麹と米、水に酵母《こうぼ》を加えた日本酒の元）のなかで酵母が元気に育ちます。そして、酛がうまくできて初めて、もろみ（酒母に、さらに麹と米、水を三回に分けて仕込むどろりとしたもの）が、うまく発酵します。こうして造りが順調にいくのです。つまり麴造りはスタートでもあり、酒造りのハイライトともいえる作業です。酒蔵のなかで最も技量のある人が、持っている技術と体力、気力を注ぎ込んであたるのが、麴造りなのです。

原料を自分で造る、と言っても、わかりにくいかもしれません。そこでワイン造りに置き換えてみると、原料となるブドウは自家栽培することが基本です。こうして収穫したブドウに、酵母を加えて、発酵させたものがワインです。日本酒の場合も、米と水、そして自家で育成した米麴が原料となります。これに酵母を加えて発酵させ、搾ったものが日本酒なのです。

ではなぜ、米麴を造る必要があるのでしょう。ブドウに含まれるブドウ糖は、酵母のエサとなり、発酵に至りますが、米に含まれる澱粉は数十万個のブドウ糖がつながった物質なので、酵母は食べることができません。そこで、欠かせないのが麴菌。麴菌はアミラーゼという糖化酵素を作りだすのですが、この酵素はデンプン質を小さく分断するハサミの役割をします。こうして麴の持つアミラーゼの力で分断した（糖化した）ブドウ糖を酵母が食べることで、発酵が始まるという訳です。

余談ですが、アミラーゼは唾液の中にも含まれています。ご飯を噛《か》んでいると甘くなってくるのは、デンプンが糖化され（酵素で分断された）ブドウ糖に変わった証拠なのです。その昔、日本酒を造るときに、若い女性が米を噛んで発酵を促す「口噛み酒」という方法を行っていたとされるのは、唾液のアミラーゼを活用していたのです。顕微鏡のない時代に、経験として知っていたのでしょう。

ワインのように、原料を酵母で発酵させる方式を「単発酵」と呼ぶのに対し、日本酒は一度、糖化という工程を経てから発酵し、さらに発酵しながらも麹による糖化の作用が並行して行われることから「並行複発酵《へいこうふくはっこう》」と呼ばれています。麹菌と酵母、2つの微生物の力を借りて、世界に類のない複雑なメカニズムで造られているのが、日本酒なのです。

麹菌は、醤油や味噌を造るためにも欠かせない、日本人にとっては大切な微生物です。しかも麹菌は日本固有の菌で、世界のどこを探しても見つからないそうです。日本オリジナルの微生物として、日本醸造学会により、平成18年に「国菌」に認定されています。

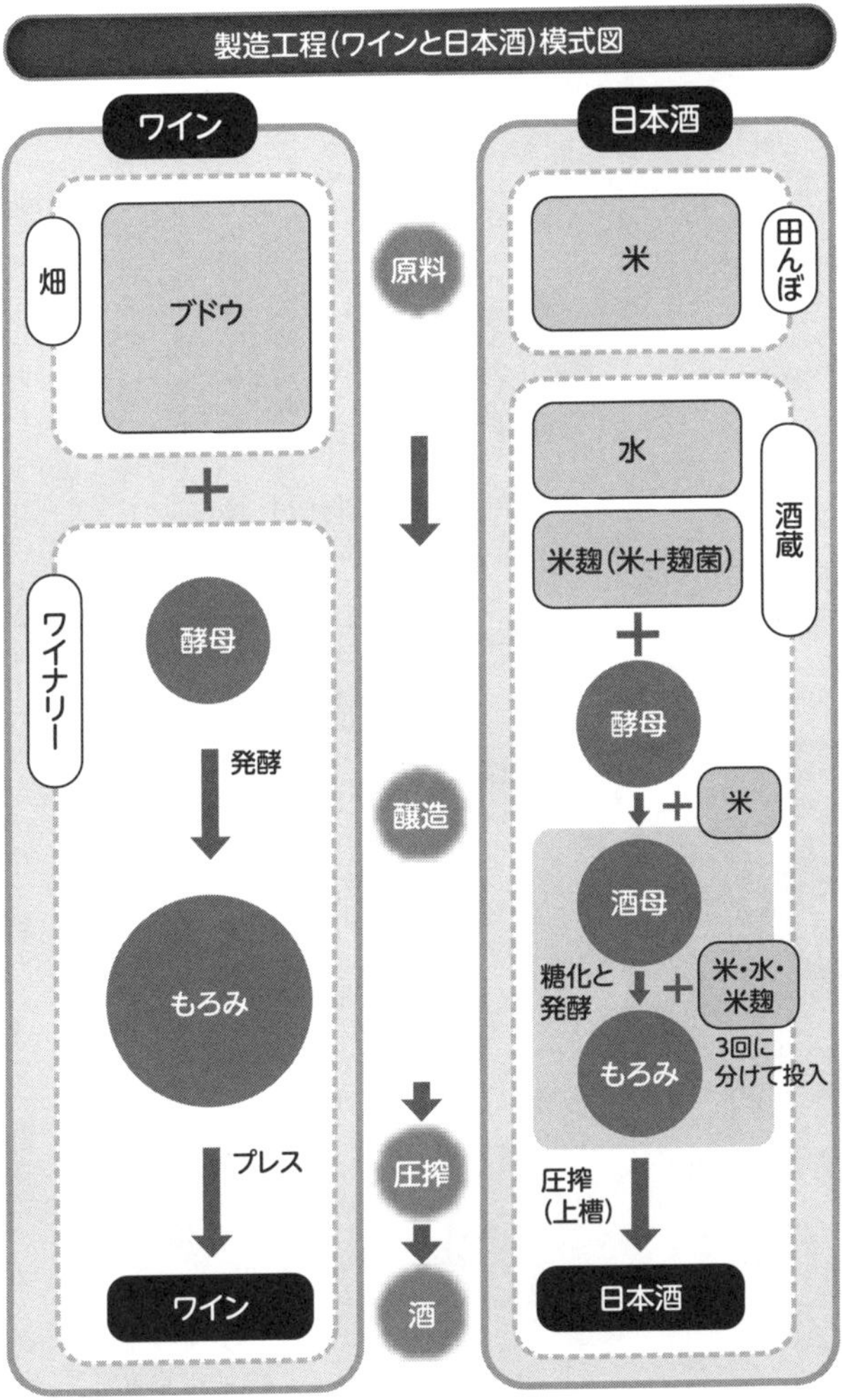
製造工程(ワインと日本酒)模式図
ワイン
畑
ブドウ
ワイナリー
酵母
発酵
もろみ
プレス
ワイン
原料
醸造
圧搾
酒
日本酒
米
田んぼ
水
米麹(米+麹菌)
酒蔵
酵母
米
酒母
糖化と
発酵
米・水・
米麹
3回に
分けて投入
もろみ
圧搾
(上槽)
日本酒

米麹造りは、麹室《こうじむろ》と呼ばれる密閉した小さな部屋の中で行われます。麹菌は、カビの一種で、温かいところを好むので、麹室のなかは32～36℃ぐらいに暖房が効かせてあります。ここに、蒸した米を持ってきて広げ、種麹（麹菌の胞子）を振り掛けます。麹菌は水分が多く、柔らかいところを目指して繁殖する性質があるため、米を蒸すときには「外硬内《がいこうない》軟《なん》」といって外側はパリっと、中はふんわり蒸すことが大事。その後、米は保温のために、布でくるんだり、広げたりしながら、米の温度と水分を調整します。この作業を2回ほど繰り返して一昼夜ほど置くと、米は一粒ずつばらばらになり、米の表面には白いカビの芽のようなものが見えるようになります。

蒸した米に種麹をふる
（木屋正酒造にて）

麹の温度管理はポイント
（冨田酒造にて）

その後、伝統的な方法では、「蓋《ふた》」または「箱」と言われる小さな木箱（蓋は箱より小さい）に小分けにします。最終的な目的は、米の一粒一粒の芯まで菌が伸びて、十分に繁殖した強い米麹を造ることなのですが、繁殖するときに熱が出ます。温度が上がりすぎると、菌が弱ってしまうので、小分けにしたり、麹に指で筋を入れたりすることで熱を逃がすように、人が手伝ってやるのです。このあと、木箱を積み上げるのですが、積む順を数時間ごとに入れ替えたり、位置を変えることで、まんべんなく繁殖させるように気配りします。

こうやって種麹をふってから48〜70時間後に、ようやく湿り気のないサラサラの米麹が完成するのです。焼き栗のような香りがしたら成功。微妙な温度や湿度の変化で、育ち方が変わってくるので、麹の担当者（麹師や代師《だいし》と言われる人や、小さな酒蔵では造りの総責任者である杜氏《とうじ》が担当することが多い）は、夜間も二時間ごとに起きて、チェックを繰り返す場合もあります。赤ちゃんにミルクをあげたり、夜泣きをしないようにあやしたりするようなものです。麹造りとは言いますが、造るというより見守り、育てる仕事。ワインにおけるブドウ栽培とも共通する、人と生き物の物語です。

ワインはブドウの良しあしで8割が決まるとも言われます。日本酒でも同じで、麹の出来が、酒の質に大きく左右します。高価な山田錦を使っても、米を究極まで磨いた大吟醸でも、有名な産地であっても、飲んで感動するような酒になるかどうかは、麴の育て方次第だと言っても過言ではないかもしれません。

それほど大切な麴造りですが、どうやって造ったのか、ラベルには書いてありませんし、データを見てもわかりません。飲んでみて、造り手の技量や個性を見極めるしかありません。外から見てわからないからこそ、いろいろ飲んでみたくなるのです。

心に沁みる味に出会ったとき、私の脳裏に浮かんでくるのは、美味しい酒を造りたい一心で、麴室で奮闘努力する造り手の姿なのです。

その2　**酵母の個性を知る　マニアックな愉しみ**

日本酒の主原料は、米と米麹と水……、本書ではここまでこのように紹介してきましたが、もうひとつ酒造りに欠かせないものがあります。それは酵母です。酵母の活躍がなければ、主原料はお酒になりませんし、どんな酵母を使うかによって、できた酒の風味やタイプ、スタイルが変わってきます。造り手にとって酵母の選択は、米の品種を選ぶのと同様に、いや、もしかしたらそれ以上に大きなテーマなのです。

酵母は微生物の一種で、糖をアルコールに変え、そのときに香りの成分も放出します。この作用をアルコール発酵といいます。日本酒だけではなく、ビール、ワイン、焼酎などの酒類は、すべて酵母の力で造られ、日本酒には清酒酵母、ワインにはワイン酵母、ビールにはビール酵母、焼酎には焼酎酵母など、それぞれ最も適した性質と香りを出す酵母が使われます。吟醸酒に特徴的なフルーティな吟醸香も、酵母が造りだしたもの。ちなみにパンを作るときに使うイーストも酵母の一種。人間にとって、とっても有用な微生物なのです。

清酒用のなかにも様々な種類があり、それぞれ香りの傾向や発酵力、酸の出方など、できる酒質の特徴が異なります。酵母は酒蔵の壁や木桶などの道具などに潜んでいる菌で、かつてはその蔵に棲んでいる「蔵付き酵母」だけで酒を仕込んでいましたが、ほかの菌も混入することで、もろみが腐ったり、うまく発酵しないこともありました。そこで、公益財団法人 日本醸造協会が、品質の高い酒ができた酒蔵などで酵母を採取して分離し、明治39年（一九〇六）から酒造メーカーに頒布するようになったのが「きょうかい酵母」。日本酒の裏ラベルなどに「9号」とか「14号」などと記されているのは、それぞれ「きょうかい9号酵母」「きょうかい14号酵母」のことです。

酵母は各都道府県の工業技術センターなどでも開発されています。有名なものでは、静岡酵母（HD-1、NEW-5）、宮城MY酵母、福島酵母（うつくしま夢酵母）、秋田酵母（こまち酵母）、長野県のアルプス酵母、栃木県酵母（T-1, New デルタ）などがありますが、続々と新しいタイプが誕生しています。県の酵母を使うと、ほかの土地にない、その土地独自の風味になるという理由から、県産米との組み合わせで、地方色ある日本酒を発信する蔵元は

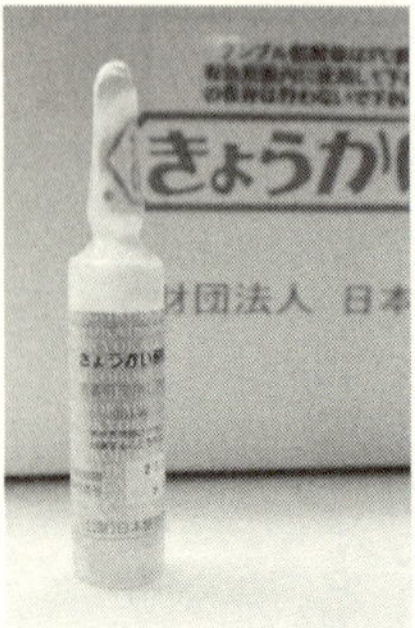
きょうかい酵母。写真は9号で、もろみのときに高い泡が立たない泡なしタイプの901号。

増えています。
このほか、東京農業大学の花酵母研究会では、ナデシコ、ベゴニアなど花に集まる酵母を採取して、酒造りに実用化しています。その第一人者である「来福」（来福酒造・茨城県）や、「天吹」（天吹酒造・佐賀県）では十種類以上の花酵母を、さまざまな米と組み合わせて、あらたな可能性にチャレンジしています。

種々ある酵母のうちから、どれを使うかということは、酒質設計において非常に大事なポイントであり、その蔵元の酒造りの方向を示すものでもあります。使い方は大きく分けると2パターンがあります。

1つは秋田県の「新政」のように、自社の蔵で分離された6号酵母だけに限定したり、能登杜氏が金沢酵母を使うなど杜氏の出身地や流儀にこだわって、1種類の酵母だけを使う場合です。

もう一方は、吟醸酒には香りの高い「きょうかい9号」を使い、純米酒には酸が出やすく、香りの穏やかな「きょうかい7号」を使うと言った使い分けをする場合。原料の米と酵母との相性の良しあしもあり、山田錦には9号酵母、地域の米には県が開発した酵母と組み合わせる、といったような使い分けをする場合もあります。

「6号から10号までの比較的古い酵母を使う蔵元と、最近開発された15号や１８０１号などの香り系の酵母を使う蔵元では、目指すお酒のスタイルが違う」などと言う蔵元もいます。このように、どの酵母を選ぶかは、造り手にとって酒質やスタイルを決定づける大切なことなのです。

酵母について勉強するのは、知的好奇心を刺激されることです。興味のある方は、専門書でじっくり研究してみてください。でもまずは真っ白な状態で味わって自分なりに風味のイメージをつかみ、それから酵母をチェック、という順をお薦めしたいと思います。

酵母の名前	発見、採取された場所、年	酵母の特徴と酒の味わい	使われる主な地域、代表的な銘柄
きょうかい6号	秋田県「新政」の蔵。昭和5年分離、昭和10年頒布。	発酵力が強く、香り穏やか。酸が少なく、淡泊でまろやかソフトな酒質。	秋田県や中国地方。「新政」（秋田）は6号のみ使用

きょうかい7号	長野県「真澄」の醪 昭和21年	発酵力が強く、香りは穏やかで、酸は強めで落ち着いた印象の酒質になる。本醸造や普通酒を中心に、全国で使われている人気のある酵母。燗に向く酒質。	全国に多数「真澄」（長野）
きょうかい9号	熊本県「香露」の蔵 昭和28年	高い香りと高い発酵力で、吟醸や純米、本醸造など全国で使われる人気の酵母。各地で開発されている酵母（9号系）のもとにもなっている。果実系の香りと爽やかな香りの両方を併せ持つ。	「香露」（熊本）全国に非常に多数
きょうかい10号	東北地方（蔵名不明）で分離、（茨城県「明利」に勤務していた小川博士が開発したことから、同タイプを「小川酵母」「明利酵母」とも言う）昭和27年	酸が少なく、淡麗で繊細な酒質。吟醸や純米で使われることが多い。酸が控えめな優しい印象の酒になる。	東北や北関東で多く使われる。

きょうかい14号	金沢国税局鑑定官室が平成7年に開発。別名「金沢酵母」	酸が少なく、リンゴや梨のような香りがある。主に吟醸や純米など特定名称酒に使われる。涼やかで、優しい印象の酒になる。	富山県や石川県など北陸地方の各蔵。能登杜氏の酒蔵など
きょうかい15号	秋田県（秋田県醸造試験場で開発された「秋田流花酵母ＡＫ－１」）平成8年	華やかな吟醸香があり、酸が少ない。洋梨やメロンのような果物や花のような、あでやかな香りが特徴。	秋田県の蔵元

※表は、（財）日本醸造協会のホームページに公開されている資料をもとに、著者の取材と体験に基づいて作成した。6号、7号、9号、10号、14号の「泡なし酵母」として、それぞれ601号、701号、901号、1001号、1401号、1501号がある。

泡なし酵母は、性質は泡あり酵母と同じだが、もろみの段階で表面に泡の層が高くならない。そこで泡がタンクの外にこぼれることなく、タンクの上部まで仕込むことができること、泡消し装置がいらないこと、清掃が楽なことから使う蔵元が増えている。この他、最も香りの高い1801号などがある。

その3　米を削れば削るほどお酒は美味しいか？

大吟醸酒や純米吟醸酒、特別本醸造など高級な日本酒は、米を多く削って造られます。では、そもそもなぜ、米を削るのでしょう。

米の外側には、たんぱく質やカリウムやリン酸などのミネラル、脂肪（特に不飽和脂肪酸）が多く含まれています。これらの成分は、食べるご飯の場合は、美味しく、栄養にもなるのですが、酒造りにはあまり好ましい成分ではありません。まず、タンパク質はアミノ酸の元になり、適度に含まれると程よい旨味になりますが、多いと味がくどくなってしまいます（p.45参照）。また、ミネラル分が多すぎると発酵がうまくいかないことがあり、不飽和脂肪酸は香りに悪影響を与えてしまうと言われます。

そこで、酒造り用に開発された特別の「縦型精米機」に内蔵された円盤のような形のやすりで、米の外側だけをていねいに削り取ります。このように酒造りのために精米することを、蔵元たちは〝米を磨《みが》く〟と言います。大吟醸に使われる精米歩合40％や35％の米は、磨くという言葉の通り、艶々と輝いて、小粒の真珠のようです。磨かない米で酒を造ると、雑味が出たり、渋くなってしまうとされ、精米歩合の低さは上質な酒の証でした。ちなみに食べる米の精米歩合は90％ほどで、精米機は米粒同士をこすりあわせる方式の「横型精米機」が使われています。

精米歩合が低くなる（より多く米を削る）ほど、必要な玄米の量が増えるので、原価率は上がることになります。原料にコストがかかる分、一般的には精米歩合55％の純米吟醸より、40％の純米大吟醸のほうが高価です。

味の面では、より多く削ることで、タンパク質や脂肪は減るので、お酒の味は淡泊になり、透明感は増し、香りもすっきりとして、米の旨味の少ないスリムで繊細な味になってきます。

ところが近年では、精米歩合80％、90％など、あえて米を削らず、玄米に近い玄《くろ》い米で醸す純米酒も続々と登場しています。こういった酒は、味の幅のある酒になることから、飲みごたえがあると人気が急上昇中です。山田錦など上質な酒米を使うようになったことと、精米や醸造の技術がレベルアップしたこと、さらには種麹の改良により、魅力に転じることができたのです。さらに良いものを求めようとする日本の技術者の意欲には、頭が下がります。

磨いた白い米で造る繊細な味わいの純米大吟醸が好きか、玄い米で造る味の幅のある純米が好きか、好みは人それぞれでしょう。また同じ精米歩合でも、造り手によって、また使う米によって味わいは大きく異なります。精米歩合による酒のニュアンスの違いを確かめたいなら、同じ米を原料に、同じ蔵元が造った、精米歩合の異なる酒を比べ飲みしてみると面白いでしょう。

コンピュータ制御の縦型精米機
（「根知男山」渡辺酒造店にて撮影）

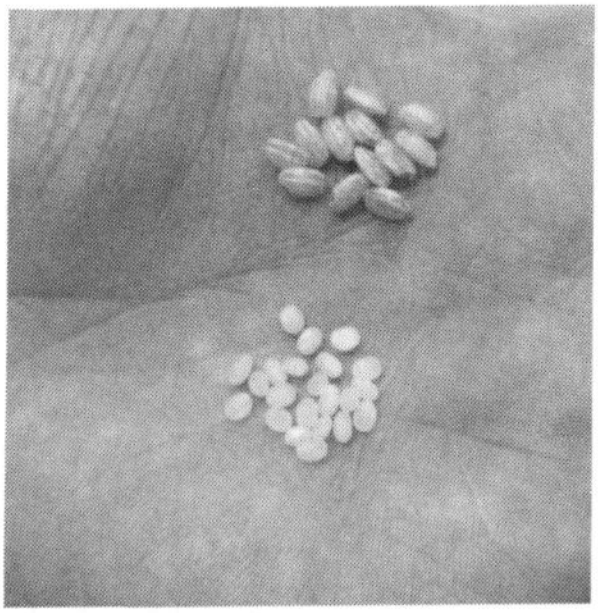

上は酒米の王様、「山田錦」の玄米。下は40％精米。白く輝く小粒の真珠のようだ。

達人指南　精米歩合50%なのに、純米吟醸表示?

㊟「勘さん、このお酒、表のラベルに「純米吟醸」とあるけど、裏ラベルには「精米歩合50%」とあるよ。50%ならば「純米大吟醸」が正しいんじゃないの?」

㊖「間違いじゃあないよ」

㊟「うっそーだって、この本の65ページで50%以下なら純米大吟醸だと習ったよ」

㊁「そうね確かに。でもここに書いてあるのは、この要件ならば純米大吟醸と表示できるという意味で、純米吟醸と表示しても間違いではないの」

㊟「えぇー!! そんなあいまいなことでいいの?」

㊖「国税庁の「清酒の製法品質表示基準の概要」によると、純米酒などの特定名称酒は、所定の要件に該当するものに、その名称を〝表示することができる〟とあるけど、〝表示しなければならない〟とは書いていないんだよ。その所定の要件とは、精米歩合60%以下で、「吟醸造り、固有の香味、色沢《しきたく》が良好である」ものは〝純米吟醸と表示することができる〟とし、さらに精米歩合50%以下で、「吟醸造り、固有の香味、色沢が特に良好である」ものは、〝純米大吟醸と表示することができる〟とあるんだ」

山「できるとすべきは違うし、しなくてもいいということ。つまり、ひとつ下のクラスの「純米吟醸」として販売しても問題はないことになるの。同様に、精米歩合60％で吟醸造りした酒を「純米吟醸」ではなく、「特別純米酒」と表示している蔵元も少なくないの」

達「ずるしてるんじゃないことは分かったけど、上のクラスと名乗ってもいいのに、なぜ下げるの？」

山「そうですね。私も理解できなくて、何人かの蔵元に聞いてみたことがあるんです。そのなかで代表的な答えを言うと、まず精米歩合50％の純米大吟醸を、純米吟醸と表示する理由だけど、「純米大吟醸という響きには、香りが高い酒という

精米歩合50％で「純米大吟醸」表示の「醸し人九平次」

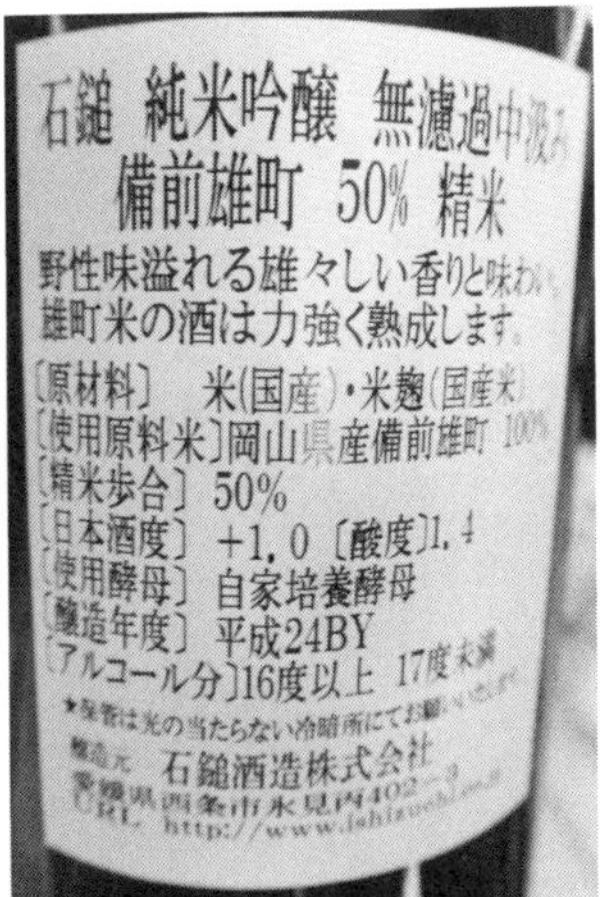

精米歩合50％で「純米吟醸」表示の「石鎚」

イメージがある。この酒は香りを重視していないから、あえて純米吟醸と表示した」という答え。大吟醸というと香りのお酒だというイメージを持たれているので、それを避けたいということみたいね。「45%、40%精米の純米大吟醸も造っているので、それらとの差別化」という答えもありました。商品ラインナップのなかでのクラス分けということかしら。「精米歩合50%で大吟醸と名乗るのはおこがましい、謙虚にいきたい」なんていう蔵元もいましたね。大吟醸という名称はお酒の最高峰のイメージで、50%はミドルクラスということなのかもしれません」

㊙「俺も、精米歩合60%の純米吟醸を特別純米と表示する理由を、ある蔵元に聞いたことがあるんだけど、「商品設計は純米であって、吟醸ではないから」と言ってたな」

㊤「精米歩合60%の純米造りで、こだわったお米などを使っている場合、表示は純米吟醸でも特別純米でも良いことになるでしょう？　だから、ある蔵では「同じ精米60%で純米吟醸と特別純米があるとわかりにくいので、自分の蔵の取り決めとして55%精米を純米吟醸、60%精米を特別純米と設定している」なんていう答えもありました。

㊙「「酒の業界の慣例」と言う蔵元もいるよ。ランクを落とした表示なので、消費者には不利益にはならないし、「お得な気がする」という飲み手もいるのも事実なんだ」

㊜「その反面では、あいまいだと捉える人もいるんじゃないかな？　謙虚だなんて極めて

ニッポン的な考えだし、海外では通用しないと思うよ」

㊕「たっちゃんの会社は海外ともお取引あるもの。そう感じるでしょうね。実際、初めは精米50％で純米吟醸と表示していたものの、輸出に力を入れるようになってから純米大吟醸と表示するようになった「醸し人九平次」の例もあります」

㊍「こんな風に議論することは意義あるんじゃないかな」

㊖「そうですね、すごく勉強になりました」

その4　**杜氏の話**

杜氏《とうじ》という言葉、日本酒ファンの方なら耳にしたことがあるでしょう。お酒を造る職人の総称だと思っている方もいらっしゃるようですが、杜氏とは酒造りの現場における最高責任者のことを指します。一般企業でいうところの工場長で、社長にあたる蔵元《くらもと》と相談しながら、スタッフにあたる蔵人《くらびと》たちをまとめてお酒を醸す人のことです。

ただし一般の工場長と異なるのは、仕事をするのは晩秋から春先までの期間だけだということです。この間は酒蔵《さかぐら》に泊まり込んで酒を仕込みますが、晩春になれば故郷へ帰って、主に農業（漁業の場合もあります）を営み、秋になって米の収穫が終われば、再び蔵人たちと酒蔵へ赴任し、酒を仕込むという暮らしを送ります。いわば酒造期だけに故郷から出稼ぎで赴任する特別の技能を持った酒造り職人のリーダーです。

杜氏や蔵人たちが、春から秋の間、農業や漁業を営む故郷は、杜氏の里と言われ、全国各地には流派の異なる杜氏の里があります。杜氏は、故郷では農夫または漁師として働き、酒蔵では優秀な腕と人を束ねるリーダーの素養も求められます。杜氏の里の出身だからといって、すべての蔵人が杜氏になれるわけではありません。下働きから始まって、先輩たちの技を盗みながら、何年もかけて一部の人が杜氏に就任します。そのなかでも、特に優秀な杜氏は、名杜氏として尊敬されるスーパースター。杜氏の腕次第で、お酒の出来が違ってくるので、ほかの酒蔵からのヘッドハンティングもあります。年俸制ですし、優秀な杜氏はいわばＦＡで、条件の良い蔵元に移籍することもあるのです。

名工として知られる著名な杜氏さんたちは、どの方もオーラのようなものに包まれているように見えます。厳しい出稼ぎの仕事のなかで、トップに登り詰めた人間が持つ意志の強さ。春から夏には米を、冬場は麹や酵母を、一年中、生き物を相手にしている者の謙虚さ。それぞれの地域に伝わる伝統の技を受け継ぎながらも、自分なりの工夫を施した仕事を続ける誇り。毎年繰り返される日常のなかで、杜氏さんたちは特別のなにかを身にまとうのかもしれません。

日本の酒造り文化を支えてきた偉大なる功労者であり、日本の宝として、私は杜氏に強い尊敬の念を持っています。高齢の杜氏たちはいま、次世代へ技能を伝える指導的な立場にあります。全国の杜氏や蔵人、通年で雇用される社員杜氏の多くは、各地域の杜氏組合に所属し、組合が主催する講習会に参加したり、交流を重ねながら技を競い合っています。

■全国の主な杜氏集団

青森県	津軽杜氏
岩手県	南部（なんぶ）杜氏……日本三大杜氏
秋田県	山内（さんない）杜氏
山形県	庄内杜氏
	羽黒杜氏
福島県	会津杜氏
栃木県	下野（しもつけ）杜氏
新潟県	越後杜氏……日本三大杜氏
石川県	能登杜氏
長野県	小谷（おたり）杜氏
	諏訪杜氏
	飯山杜氏
	佐久杜氏
福井県	大野杜氏
	越前糠（えちぜんぬか）杜氏
静岡県	志太杜氏
三重県	伊勢杜氏
奈良県	大和杜氏
兵庫県	丹波杜氏
	但馬（たじま）杜氏……日本三大杜氏
岡山県	備中（びっちゅう）杜氏
広島県	広島杜氏（安芸津杜氏、三津杜氏）
島根県	出雲杜氏
	石見杜氏
山口県	大津杜氏
高知県	土佐杜氏
愛媛県	伊方（いかた）杜氏
福岡県	筑後杜氏
	三潴（みずま）杜氏
	柳川杜氏
佐賀県	肥前杜氏
長崎県	平戸杜氏

このように杜氏制度は、日本の稲作文化に根付いた文化ですが、残念ながら、近年、農村の変容と杜氏集団の高齢化により、酒蔵は伝統的な杜氏集団を雇用することは年々難しくなっていると聞きます。専業農家を継ぐ人が激減し、農閑期に酒蔵へ働きに行く人がなくなり、杜氏の里そのものが消滅しつつあるのです。そこで、21世紀に入ったころから、杜氏を雇わなかったり、老齢の杜氏にオブザーバー的な立場で指導を仰ぎながら、蔵元やその子息が自ら酒造りを行ったり（通称、蔵元杜氏《くらもととうじ》）、年間雇用の社員が製造責任者に赴任する（社員杜氏）形態が増加する傾向にあります。

下働きから長年をかけて杜氏に就任する従来の杜氏の場合は五十代でも若手とも呼ばれ、たいてい六十歳を過ぎたベテランなのに対して、蔵元杜氏は大学卒業後すぐ、あるいは数年の勤めを経て家業に就くので三十代で杜氏になる例もめずらしくありません。彼らは若く、酒造りの経験は浅いのですが、経営者でもあるだけに、原料の調達から商品設計、設備の導入や人員配置まで自らの意志で行うことができます。なお、従来の季節雇用の杜氏とは異なるため、製造責任者と名乗る場合も多くあります。

技術面では、大学の同級生や、蔵元の子息が入所して酒造りの基本を学ぶ独立行政法人酒類総合研究所（旧・国税庁醸造研究所）の同期生に同業の蔵元がいるため、フランクに情報交換を行うことができます。また、各県の工業試験場なども県産品の振興のために、酒蔵にはさまざまな技術提供を行っています。技を盗みながら腕一本で勝負してきた杜氏に比べると、蔵元杜氏の場合は、若くして大学や公的な研究所で学び、オープンになった新しい技術を、スピーディに享受することが強みです。

いま日本酒が若い層にも支持されるようになっているのは、同世代の蔵元杜氏たちと食生活や生活スタイル、センスが同調しているという側面もあるでしょう。

その5　**トレンドに明るくなる**

日本には1500ほどの酒蔵があり、全国各地に酒処がありますが、時代によって脚光を浴びる産地は移ろいます。酒処に対するとらえ方は人それぞれですし、地域に対する思い入れも異なります。ただ、人々の耳目を集めるには何か理由があります。人気の地域のお酒を飲んでみたいと思うのも酒好きの心理ではないでしょうか。全国に知られる伝統産地と、注目を集める現代の酒処を挙げてみました。

†酒処として知られる伝統産地

新潟　〝淡麗辛口〟地酒ブームを牽引。酒蔵の数は100を越え、一九九〇年以降は製造量3位を維持、全国新酒鑑評会でも常にトップクラスにランクイン。

長野　酒蔵の数は80を越え、関東信越局の鑑評会では新潟と争う。全国で初めて原産地呼称認定制度を導入。県産米を使った純米酒の品質審査を行っています。

京都　はんなりとした〝伏見の女酒〟。全国2位の製造量。

兵庫　製造量№1。江戸期から続く酒造りのメッカ、山田錦の故郷。〝灘の男酒〟。

福岡　〝九州の灘〟。一九五五年には製造量全国3位、一九九〇年以降は順位を下げましたが、近年純米造りで注目されています。

✝人気蔵元が目白押し。いまトレンドの酒処

山形　吟醸比率の高い新時代の銘酒処

酒処揃いの東北のなかでは目立たない存在でしたが、一九九〇年頃から「出羽桜」「米鶴」、一九九五年頃から「十四代」で注目されるようになり、「上喜元」「東北泉」「くどき上手」「東光」「楯野川」「鯉川」「山形正宗」「杉勇《すぎいさみ》」「麓井」「白露垂珠《はくろすいしゅ》」ほか、人気と実力を兼ね備えたスターがずらりと揃っています。

熱血指導官で知られる山形県工業技術センター酒類研究課長の小関敏彦氏（現・県庁勤務）の存在も大きいでしょう。小関氏を中心に、センターと酒造組合がタッグを組んで、独自の酵母や、酒米の開発に取り組んだり、他県から講師を招いてセミナーを開くなど、官民挙げてレベルアップに努めてきたことが功を奏し、新時代の銘酒処としての地位を確立。吟醸酒の割合が高く、香り良く、清涼感ある酒が目白押しで、蔵における品質管理も万全。山形の酒を選べば、品質の面で間違いがないと思わせるまでになっています。

秋田　古豪とニュースターが揃う。勢いのある美酒王国

山内《さんない》杜氏の故郷にして、製造量でも一貫して上位をキープし、県民一人あたりの日本酒消費もトップクラス、美酒王国と名を轟かせてきた酒処です。「高清水」「両関」「爛漫」「秀よし」「まんさくの花」「太平山」「出羽鶴」「雪の《ゆきの》茅舎《ぼうしゃ》」「天《あま》の戸」など、名杜氏の存在でも知られる全国銘柄も多い、いわば古豪として知られてきました。二〇〇〇年頃になると、焼酎ブームもあり、首都圏ではあまり話題にならなくなっていました。

再び脚光を浴びるようになったのは二〇一〇年ごろ。自ら製造する5社「ゆきの美人」「春霞」「白瀑《しらたき》」「新政」「一白水成」の若手蔵元で結成した〝NEXT5〟発足を期に、若いファン層の間でも一気にブレイク。秋田県関係のイベントのチケットは売り切れ続出という熱狂ぶり。トレンドの県と言えるでしょう。

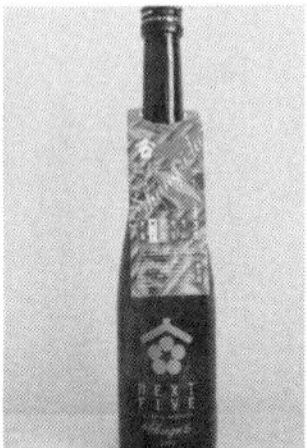

右は、NEXT５メンバーが共同で醸した酒、2013年度版「NEXT５シャングリラ2013」。この年は「白瀑」の酒蔵を舞台に、仕込み水は「一白水成」、洗米は「春霞」等々、５人で役割分担している。左は「NEXT５」メンバー。2013年夏、東京の廃校を会場に、「サガン５」とコラボしたイベントのスナップ。

宮城　純米酒の比率が高い上質な酒揃い

一九八六年に「純米酒の県」宣言。東北の中でも、純米酒や特定名称酒の比率ナンバー1を誇り、きりりと引き締まった高品質な酒造りで定評がある県です。特に純米酒はどれを選んでも、落胆することはないと思えるほど、ハイレベルです。

全国で知られる著名銘柄も「一ノ蔵」「浦霞《うらかすみ》」「乾坤一《けんこんいち》」「勝山」「伏見男山」「日高見」「墨廼江《すみのえ》」「栗駒山《くりこまやま》」「綿屋《わたや》」など多数あり、若手が手がける「伯楽星」「萩の鶴（日輪田《ひわた》）」「山和」も若いファンに支持されています。

福島　人気銘柄が続々登場する元気のある県

主に首都圏向けに二級酒を造る量産県で、酒造レベルを測るひとつの基準でもある全国新酒鑑評会で金賞を獲得した蔵の数は全国でも最低レベルでした。そこで吟醸造りで先行した「末廣《すえひろ》」「國権」ほか、量から質へ転換を図る蔵元たちの働きかけで、蔵の跡継ぎたちを対象とした清酒アカデミーが開校。平成十七年度に初めて金賞数1位になり、その後毎年上位を維持しています。

人気銘柄も多く、二〇〇〇年頃「飛露喜」が全国ブレイクしたのに続き、「会津娘」「奈良萬」「あぶくま」「天明」「人気一《にんきいち》」などが続々名を上げ、生酛の「大七《だいしち》」が気を吐いています。さらに「寫樂」「会津中将」「ロ万」「一歩己《いぶき》」など三十代の若手蔵元が立ち上げた銘柄も、ファンから熱く支持されています。

栃木　県独自の下野杜氏で注目を集める

吟醸酒造りで「四季桜」「東力士《あずまりきし》」「鳳凰美田《ほうおうびでん》」などが全国で知られてきました。主に越後杜氏（新潟）や南部杜氏（岩手）が、杜氏として造ってきましたが、杜氏制度の崩壊に危機感を感じた蔵元たちが、県の産業技術センターと共に、二〇〇六年に栃木県独自で認定する制度「下野杜氏」を設立しました。以後、酒質も上がり、若手蔵元が手掛ける「澤姫」「松の寿」「大那」「旭興《きょくこう》」「仙禽《せんきん》」「辻善兵衛」「愛乃澤《あいのさわ》」などに注目が集まっています。また「惣誉」のように質量ともに安定した造りで、地元で支持されつつ、海外へ積極的に仕掛ける蔵元もいて、なにかと話題が多く、勢いのある産地です。

静岡　酸の少ない品のいい吟醸王国

陽光あふれる温暖な地域で、酒処のイメージはありませんでした。一九八六年に開発された静岡酵母によって、吟醸酒の品質が上がり、一躍〝吟醸王国〟と呼ばれるようになりました。気候に合わせた酵母の開発に尽力した静岡県沼津工業技術センター技監、河村傳兵衛氏の功績は計り知れません。

現在も静岡酵母の特徴である酸の少ない、きれいで、気品ある酒が目白押しです。「磯自慢」「開運」「初亀」「正雪《しょうせつ》」「喜久酔《きくよい》」「志太泉」「臥龍梅《がりゅうばい》」「白隠正宗」「英君」「杉錦」

ほか、人気銘柄は数多くあります。

広島　西日本有数の酒処、復権の兆し

軟水仕込みによる醸造。吟醸発祥の地。一九八〇年までは製造量上位の全国有数の酒処、西条を中心に酒蔵の数は多く、「賀茂鶴」「賀茂泉」「千福《せんぷく》」「酔心《すいしん》」「誠鏡《せいきょう》」「竹鶴」など全国銘柄も数あり、酒処としての誇りを持っています。近年では、「天寶一」「雨後の月」「富久長《ふくちょう》」「宝剣」「賀茂金秀《かもきんしゅう》」「美和桜」の若き蔵元たちが、全国へ広島の酒をアピールし、酒処の復権を目指して〝魂志会《こんしかい》〟を結成するなど意欲的に活動しています。蔵元と同年代のファンを中心に人気を集めています。

佐賀　九州にあって日本酒人気の地域

九州といえば本格焼酎の産地と思われがちですが、佐賀は日本酒蔵の方が多く、また県内での日本酒消費量も多い県。佐賀県産の米で造られた純米酒を対象にした原産地呼称制度管理を発足し、官民挙げて上質な純米酒を消費者に薦める活動も熱心に行っています。

全国で知られる銘柄は「東一」「窓乃梅」などに限られていましたが、一九九〇年代後半から「鍋島」「七田《しちだ》」「天吹《あまぶき》」「万齢《まんれい》」などの新しい銘柄が立ち上がり、人気を集めています。また「鍋島」「七田」「天吹」「東一」「東鶴」の〝サガン5〟というグループ名で、イベントも行うようになっています。

広島県の若手蔵元「魂志会」のメンバー。2012年、東京・青山で開かれたイベントのスナップ。気合い入っています！

佐賀の若手蔵元「サガン５」メンバー。秋田「NEXT５」とのコラボイベントでのスナップ。

その6　日本酒の会へ行こう

自分好みの日本酒を探すには、数を飲んでみることが一番です。と言っても、自宅や居酒屋では、一度に飲める種類には限りがあります。そこでお薦めしたいのが試飲会です。日本酒の試飲会は、年間を通じて全国各地で開かれています。主催者は、各都道府県の酒造組合や各種の日本酒関係団体、蔵元のグループ、酒販店、イベント会社、出版社、個人などで、数百人が参加する大きなイベントから数十人規模のものまで多種多様。会場も公園や広場、神社などの屋外や、公民館やホテルの宴会場などさまざま。試飲会ではいろいろなお酒が味わえることはもちろんですが、たいていの場合は、蔵元や杜氏など酒の造り手も参加しています。造った人から説明を聞きながら味わえる、またとないチャンスなのです。私は毎年、かなりの数の試飲会に参加していますが、主な目的は造り手と会うこと。試飲会場で言葉を交わしたことがきっかけで、親しく交流するようになった蔵元は数えきれません。

参加費は一〇〇〇～一万円程度。日本酒だけの唎き酒の場合と、料理や酒肴なども用意され、決められた席に着席する方式、立食で料理コーナーへ取りにいく方式などがあります。日本酒は、会場に設置されたブースに、銘柄名ののぼりなどを立てて、蔵元たちが待ち構えています。目当てのブースへ行って、自分のグラス（唎き猪口など主催者が配る）に注いでもらうという方式をとるケースが多いようです。

大規模な催しでは参加する蔵元は数十社にのぼり、各蔵で3～6種類ずつ飲めるようになっています。気ままに回るのは楽しいのですが、時間内に出展されているすべての酒を飲むのはまず無理だと思った方がいいでしょう。前もって出展する銘柄を調べて目星をつけておいたり、当日、主催者から配られたリストで気になる銘柄を重点的に回ると効率的。味の違いを学びたい場合は、純米吟醸だけに限定したり、山田錦だけ、あるいは県産米に限定するなど原料の米を決めて比べて飲むのもいいと思います。もっと気軽に「美男美女がいるブースに行く」「知らない銘柄だけを飲む」といったこともあり。なにかテーマや目標を決めて回るほうが充実感を味わえますし、記憶に残るはずです。

各ブースでは、リストを片手に少量ずついろいろ試してみましょう。蔵元にお薦めを聞いてみてもいいと思います。気に入ったお酒が見つかったら、リストに印をつけたり、感想をメモしたり、写真を撮って保存しておくといいでしょう。どこで買えるか、どこで飲めるかといったことも、蔵元に聞いてみると教えてくれるはずです。

ただし、飲みすぎには注意。気に入ったお酒でも一杯までに抑えましょう。蔵元が持参している数には限りがあるので、一人が何杯も飲んでしまうと、ほかの参加者が飲めなくなってしまうことがあります。あくまでも試飲する場だということを肝に銘じること。

多くのお酒を試したい場合は、プロの唎き酒のように、香りや味わいを口のなかで感じとったら飲みこまずに吐き出すという方法もあります。会場にはたいてい酒を吐き出すための「吐き」と呼ばれる容器が、隅の方に置いてあります。蔵元たちも味を知ってもらう機会だと捉えているので、吐き出しても失礼ではありません。無理して飲み続けて、酔いつぶれてしまうほうが迷惑。ただし吐きだしても、アルコールは体に吸収されるので注意しましょう。会場にはたいてい、水も用意されているので、1つのブースを回ったら、一杯の水を飲むことを習慣にしましょう。

試飲会は、日本酒好きな人々が集まる場でもあります。会場で意気投合したことがきっかけで飲み友達になったり、日本酒サークルを結成して蔵元へ見学に行くようになったという話もよく聞きます。会場では日本酒に関する情報も得やすく、一度、参加すると次回のお知らせが送られてくる場合もあります。同好の士との交流の場としても活用することをお薦めします。

■各県で開催される主な日本酒祭り（日程、会場は２０１３年の場合です）

名称、主催者	開催月日	会場	参加費	内容
武蔵の國の酒祭り 東京都酒造組合主催 www.tokyosake.or.jp	9月15日（日） ※２０１３年は台風のため10月5日に延期	東京都 府中市大国魂神社	１０００円	日本各地から１５２蔵の日本酒が集まる。
新潟淡麗　にいがた酒の陣 新潟県酒造組合 http://sakenojin.jp/	3月16日（土）、17日（日）	新潟県 朱鷺メッセウェーブマーケット展示ホール（新潟市）	前売り２０００円、当日２５００円	新潟県内90蔵元から５００種類の日本酒が出展される。新潟の食も味わえる。 10万人近くが参加。
越後・謙信SAKEまつり 越後・謙信SAKEまつり実行委員会主催 http://kenshinsake.com/	10月26日（土）、27日（日）	新潟県 上越市本町3、4、5丁目商店街	１０００円	上越市の日本酒、ワイン、どぶろく、地ビールを紹介
伏見の清酒　新酒庫出し「日本酒まつり」 伏見観光協会・伏見酒造組合共催 伏見酒造組合 www.kyoto-sake.com/event/	3月23日（土）	京都府 各蔵元、御香宮神社、伏見夢百衆	１０００円	伏見の12の酒蔵で搾りたての新酒や、軽食を賞味。ステージイベントや名産品の販売など

灘の酒まつり 灘五郷・SAKEプラザ 1月、10月ともに、 http://www.nadagogo.ne.jp/ 灘五郷酒造組合主催	1月17日（木）、18日（金） 10月22日（火）～24日（木）	兵庫県 御影クラッセ1階広場（神戸） 神戸朝日ビルディング1階ピロティ特設会場	500円 500円	灘五郷各蔵元参加の特別試飲会。灘の酒3種類とおつまみ。
おかやま秋の酒祭り おかやまものづくり祭り実行委員会主催 http://okayama-beerfesta.com/	9月22日（日） 昼の部、夜の部	岡山県 下石井公園（岡山市）	前売り3500円、当日4000円	岡山県内の日本酒150種類以上、地ビール、ワイン、味噌蔵。備前焼即売会も。
酒まつり 酒まつり実行委員会主催 http://sakematsuri.com/	10月12日（土）、13日（日）	JR山陽本線「西条駅」周辺	1500円	全国900銘柄の地酒が試飲できる酒広場、名物「美酒鍋」が味わえる会場、コンサートなど。毎年20万人が参加する祭典。
湯田温泉酒まつり 湯田温泉酒まつり実行委員会主催 www.city/yamaguchi.lg.jp	10月13日（日）	山口県 湯田温泉井上公園（山口市）	前売り1400円、当日1600円	山口県内の19酒蔵の日本酒、つまみ「ぶちうまグルメ」の試食

四国酒まつり 四国酒まつり実行委員会 http://www.shikoku-sakematuri.com/ (阿波池田商工会議所)	2月23日（土）	徳島県 三好市中央公民館 大ホール 周辺、酒蔵見学	500円	四国4県の銘酒の試飲、近隣3つの酒蔵が解放され、見学できたり、新酒を味わえる。街角マーケット「うだつマルシェ」も開催

そのほかの団体主催

「全国日本酒フェア」6月　各県酒造組合45ほか、関連団体8、味噌・漬物組合が参加。主催・日本酒造組合中央会　同時に金賞受賞酒の「公開きき酒会」開催（共催・酒類総合研究所）www.japansake.or.jp/sake/fair/index.html

「吟醸酒を味わう会」10月　約50蔵　主催・日本吟醸酒協会 www.ginjyoshu.jp/index.php

「純米酒フェスティバル」春と秋　約50蔵　主催・フルネット fullnet.co.jp

「若手の夜明け」3月と9月。若手の蔵元36蔵ほど。主催・若手の夜明け実行委員会。東京・渋谷、原宿などで開催。２０１４年３月で14回目。

※開催時期や応募方法は、各主催者のホームページなどでチェックしてみてください。

※ｅ＋から購入できる場合が多いようです。
http://eplus.jp/sys/main.jsp

※そのほか地酒に力を入れている酒販店でも定期的に開催している場合が多いので、問い合わせてみてください（リストp.２８９～２９４参照）

試飲会は蔵元と話すチャンス。写真は「ふくしま美酒体験IN渋谷」の「飛露喜」蔵元の廣木健司さん。

■東京で開催される各都道府県の酒造組合主催の酒の会（開催月、会場は2013年の場合）

県名	名称・主催団体	開催月	会場	参加費	参加蔵元	内容
秋田県	美酒王国秋田　秋田の酒を楽しむ会　www.osake.or.jp	3月	TKPガーデンシティ品川	6000円	26	500人定員。着席、コース料理。
栃木県	新世代栃木の酒　下野杜氏新酒発表　sasara.lib.net/	4月	王子北とぴあ	3500円	27	弁当とぐい呑み付き
山形県	山形県新酒歓評会　www.yamagata-sake.or.jp	4月	ホテルメトロポリタン池袋	7000円	40	着席、コース料理。300人定員。別途、セミナー、金賞受賞酒公開唎き酒なども開催。
長野県	長野酒メッセ　www.nagano-sake.or.jp	5月	グランドプリンスホテル高輪	2500円	60	DM持参、和服着用で割引。ビュッフェ、猪口の土産付き
愛媛県	愛媛の酒を楽しむ会　www.ehime-syuzou.com	7月	椿山荘	6000円	19	300人定員。愛育フィッシュ（愛媛特産品）ビュッフェ。

福島県	ふくしま美酒体験 in 渋谷 sake-fukushima.jp	8月	セルリアンタワー東急ホテル	5000円	43	750人。ビュッフェ。お土産、抽選会など。
静岡県	静岡県地酒まつり in Tokyo www.shizuoka-sake.jp	9月	如水会館	3500円	18	700人。ビュッフェ

※このほか各県が開催しています。ネットなどで検索してみて下さい。

その7　**外国人にも熱い人気**

日本酒の輸出が好調です。輸出量も金額も近年、毎年増加しています。一九八五年から輸出を手掛けてきた酒類問屋である岡永の飯田永介社長は「リーファー（保冷）コンテナで運んだ状態の良い日本酒を飲むようになって、評価が上がったこともありますが、日本の文化やライフスタイルに対するあこがれも大きいのではないでしょうか。アニメやファッション、和食や日本酒は、先進的で洒落ていると、三十代を中心としたオピニオンリーダーたちに注目の的なんです」と話してくれました。

日本酒輸出協会会長で、酒類ジャーナリストの松崎晴雄さんも「いま海外で日本酒は、最高にカッコイイお酒なんです。輸出先はアメリカが1位、次いで韓国、台湾、香港、中国、カナダの順ですが、韓国の伸びが著しい。洒落た飲食店が並ぶ江南エリアでは、和風居酒屋が次々と開店し、若い男女が日本酒を冷やして楽しんでいます」と語ります。そういえば韓国ドラマでも、日本酒を楽しむシーンをみかけます。今後は中国がさらに上位にランクアップするのではと、飯田、松崎、両氏が予測しています。

同じ醸造酒のワインと比べると、まだまだ世界における認知度は低いのですが、和食の人気に伴って、注目度が高まっていることを実感します。和食はユネスコに「世界文化遺産」に指定されたことで、ますます世界的に人気になっていくことと思われます。

私はワインの取材で海外へ行くこともあるのですが、日本酒のことを質問されることが増えましたし、レストラン関係者やワイン醸造家から米の品種やテロワール（気候や栽培の土壌）について質問責めにあったこともあります。

また、二〇一〇年には、世界的に著名なニュージーランド人のマスター・オブ・ワイン（ワインの評論、アドバイスをする資格）のボブ・キャンベル氏が、酒蔵を視察するために来日しました。石川県や静岡県、京都府など9蔵の酒蔵を見学した感想を尋ねてみると、「どの蔵のSAKEも、個性をはっきり持っていて、堪能しました」と興奮した顔で話してくれました。「複雑で高度な酒造りの技術は、ほかの国に無い素晴らしいものであり、長い歴史に培われた文化であることを感じました。繊細で微妙な味わいの差を、もっと理解できるようになりたい。そのためにこれからも多くのSAKEを味わいたいと思います」と言うのです。

日本酒や本格焼酎など、日本で生産される「国酒」を「SAKE」として世界市場に売り出そうと官民一体となったプロジェクトも動き始めています。一方、国内では伝統的な酒蔵を観光資源にして、内外から人を呼び込もうと、観光庁が音頭を取った「酒蔵ツーリズム推進協議会」も発足し、「SAKEからの観光立国」をスタートさせています。

外国の飲食関係者や食通たちが、熱い憧れを抱く日本酒。一番冷めた目で見ているのは日本人かもしれません。海外で人気なのは嬉しいことですし、日本酒を目当てに日本に来てくれるのも大歓迎です。でもその前に、まず、私たち日本人が、日本酒をもっと愛し、もっと誇りを持ってもいいのではないでしょうか。世界のどこにもない唯一無二の酒、私たちのソウルフード、米で醸した素晴らしい酒、日本酒をもっと楽しみましょう！

ユダヤ教の聖職者5000人が集うNYの祭典で、食餌規定の認定を受けた「南部美人」がふるまわれた。蔵元の久慈浩介さんは、「旨い日本酒には人種や宗教の壁もないと実感しました」と語る（写真提供「南部美人」）。

達人指南　日本酒に乾杯

㊧達「勘さん、ぬる燗で、なにかお薦めない？」
㊧勘「お、たっちゃんがお燗とは珍しいね」
㊧達「お酒のタイプによっては、お燗が旨いことが、わかったんです」
㊧山「頼もしいわあ」
㊧達「最初に、なにか野菜を使った汁もの、頂こうかな。それとお薦めの刺身みつくろってください」
㊧山「あら、注文の仕方も堂に入ってきた」
㊧勘「ほい、「日高見」超辛純米のぬる燗」
㊧達「和らぎ水もお願いします」
㊧勘「了解」
㊧達「きりりと締まった味わいですね。旨いなあ。港町、石巻のお酒だけに刺身と合います」
㊧山「ほれぼれするわぁ」

㊌「次は、味の幅のあるどっしりとしたタイプの純米を上燗ぐらいの高めの温度にしてくれますか？　それと焼き鳥もください」

㊏「完璧！　立派な日本酒の達人になりましたね」

㊍「このあいだ彼女を連れてきてくれたんだ。清楚な感じの綺麗な娘さんだったよ。そんときも、たっちゃんキビキビとしてかっこよかったよ」

㊌「思い切ってお酒の会に誘ったら喜んでついてきてくれて。そのあと、とんとん拍子にうまく行ったんです……。来週の週末に、静岡のご両親に挨拶に行くことになりました。手土産に僕の故郷、福島のお酒を持っていくつもりです。お二人のおかげです」

㊏「いえいえ、日本酒が縁を繋いだのよ。美味しいお酒は人と人の垣根をなくすからね。あら、勘さん、今日はカウンターの中にお着物姿の女性が……お手伝いの方？」

㊍「えへへ、女房です」

㊌「あれ、奥さんに逃げられたんじゃなかったの？」

㊍「帰ってきてくれたんだ。昔は俺、好き放題やってたから愛想をつかされたんだけど、まじめにこの店をやるようになって、お客さんも入るようになっただろ？　見直したって」

㊏「日本酒が人気になって、たっちゃんみたいな若い人も来るようになっているしね」

㊍勘「俺こそ、日本酒さまさまなんだ」
山「それでは、奥様もまじえて、みんなで乾杯といきましょうか」
勘「そうだな。じゃあみんなの幸せと、日本酒に……」
全員「かんぱーい！」

第5章

注目したい気鋭の造り手55人

造り手の醸造哲学を味わう

現代の日本酒は、造り手で選ぶのが断然面白いと思います。それはお酒に人のキャラクターが表れているからです。

かつて、日本酒は土地の米を使い、蔵が立地する気候風土の元で、蔵に棲む酵母で、地域の流儀で醸していました。こうしてできた日本酒は地方色が豊かでした。酒蔵の中の空調設備が整い、良質な酒米を名産地から入手できるようになった現代、品質は向上しましたが、地域の差が酒の味に表れにくくなっています。発酵のメカニズムが解明され、酵母や種麴の研究が進むなど醸造技術が発達したいま、極端に言えば、どの場所でも良質なお酒が造れるようになったともいえるのです。

原料や手法を選ぶ自由を得た造り手は、米や酵母、麴や酒母の手法、搾り方に至るまで、膨大な選択肢のなかから選び出し、個々が思い思いにお酒をクリエイトするようになりました。こうして生まれる日本酒は、いわば造り手の作品であり、思いの結晶です。かつて日本酒は風土を映す鏡でしたが、現代の日本酒には造り手の醸造哲学や生き方、人間そのものが投影されていると思うのです。

心に響く美味しい日本酒を生み出す、個性派の造り手55人を紹介しましょう。

※その酒蔵において、主に酒質設計に関する舵取りを行う人を造り手として紹介しています。

会津娘《あいづむすめ》

髙橋　亘《わたる》さん　髙橋庄作酒造店（福島県会津若松市）6代目蔵元・杜氏

昭和47（1972）年、5代目の長男として生まれる。東京農業大学農学部醸造学科卒業後、東京の酒販店「味ノマチダヤ」、保坂酒造店（現・武勇）で学び、平成8年に蔵に戻り、自営田で本格的な酒米の有機栽培を始める。平成10年から製造と栽培の責任者。会津高校在学中には伝統の白虎隊剣舞を舞い、吟者も務めた。趣味は二輪車。池波正太郎、布袋寅泰、沖縄民謡を愛好。

●語録「テーマは〝土《ど》産土《さんど》法《ほう》〟。地元会津の米、人、手法で酒を造る」

「有機栽培だからといって酒の味が劇的に変わるわけではない。変わったのは僕の意識。目指す味に合う米を選ぶのではなく、目の前にある可愛い米にとってベストな醸造方法を考えるという思考に変わったのです」

♠最も自分らしい酒

「会津娘」特別純米酒　無為信《むいしん》

五百万石（会津産有機栽培）精米歩合60％

著者コメント：「会津娘の原点であり到達点」と髙橋さん。素直で充実した旨味やほっこりとした温かみ、清潔感があり惣菜の味を生かす。日常の中で上質感を味わえる究極の1本。

♥著者の視点

伸びた背筋、短く刈った髪、農作業で日に焼けた肌から真っ白な歯がこぼれる。折り目正しい清廉な日本男児である。市街地から近い場所にありながら、酒蔵が田園風景に囲まれているのは、先代の働きで市街化調整区域に認定されたから。環境問題に意識の高い父、庄作さんと共に〝土産土法〟を実現すべく邁進。使う米の9割が地元産。

秋鹿《あきしか》 奥 裕明さん

秋鹿酒造（大阪府能勢町）6代目蔵元・杜氏（製造責任者）

昭和30（1955）年、代々続く農家で、酒蔵では4代目の父の長男として生まれる。関西学院大学卒業後、5年間スポーツ関係の会社勤めをして、昭和60年家業に就く。上質な酒に欠かせない米として山田錦を求めたが少量しか手に入らず、自家栽培を始めるが失敗。国税局鑑定官室の大阪局に勤めていた永谷正治氏の指導を元に、独自の栽培方法を確立している。前杜氏引退のあと、杜氏は置かずに製造責任者になり、平成25年に叔父の跡を継ぎ社長就任。愛読書は雑誌『現代農業』。

●**語録**「酒造りの現場に入ってみると米が最も大切だと実感するようになりました」

「ウチは代々農家で酒も造る兼業農家なんです」（農業も本業という意味あいで）

「良い米を使って、下手くそに造れと永谷先生はおっしゃっていた。その心を大事にしたい」

♠**最も自分らしい酒**

「秋鹿 生酛 純米生原酒 雄町」2013

雄町（能勢の自営田）精米歩合70％

著者コメント：一口飲んで肉料理を呼ぶ、特に鴨や鹿など鉄分の多い肉が食べたくなる。ボディはしっかり、酸は豊かで肉の迫力に負けず、食べたあとの脂を酸で断ち切るので爽快だ。燗にするとさらにクリアな味に。

♥**著者の視点**

大阪最北端の能勢にある、山の酒の代表格。米作りから酒造りまでの〝一貫づくり〟をテーマに、試行錯誤を繰り返してきた。平成24年から自ら耕作する約11haのすべての田んぼを無農薬有機栽培に切り替えた。快挙である。

天の戸《あまのと》

森谷康市さん　浅舞酒造（秋田県横手市）杜氏

昭和32（1957）年生まれ。山形大学農学部を卒業、農業を継ぐ。農閑期の冬場の仕事を求めていたところ、高校の同級生であった先代の4代目蔵元の柿崎秀衛さんから声をかけられ、昭和56年に蔵に入り、8年後に杜氏。平成24年に杜氏兼製造部長に就任した。『夏田冬蔵』（無明舎出版）の著者でもある。好きな作家は、塩野米松、荻原浩。音楽家は忌野清志郎、エルトン・ジョン。

●語録「日本酒は、〝なにぬねの〟のお酒。なごむ、にこやか、ぬくもり、ねむる、のんびり。お燗にして、家族団らんのときに飲むお酒が一番」「毎朝、田んぼへ行って稲の顔を見る。朝、人が歩く音で稲は育つんです」

「気心の知れた友人のように、それはよかったねと一緒に喜んでくれる。いつまでもくよくよするなよと励ましてくれる。楽しいことが倍になり、つらいことが半分になるお酒」

♠最も自分らしい酒

純米大吟醸「夏田冬蔵」生酛

美山錦　精米歩合40％

著者コメント：夏は田んぼで米を、冬は蔵で酒を造る「夏田冬蔵」こと森谷さん。美山錦らしい柔らかさと、生酛特有の深み。常温かぬる燗で、地鶏鍋をつけばほっこりと幸せ。

♥著者の視点

日本酒は米からできていることを、「天の戸」を飲むと実感する。使う米は酒蔵から半径5㎞以内の「JA秋田ふるさと・平鹿酒米研究会」の田んぼだけ。料理上手な森谷さんの造る酒は、炊き立てのご飯のようにしみじみ旨くて、あったかい。

新政《あらまさ》

佐藤祐輔さん　新政酒造（秋田県秋田市）蔵元

嘉永5（1852）年に創業した清酒6号酵母発祥の名門蔵の長男として昭和49（1974）年生まれる。東京大学文学部卒業後、ジャーナリストとして活躍。平成19年に家業に就き、人員から製造計画までを一新する大改革に着手。平成24年、社長に就任。平成25年度からすべて純米造りに。趣味は民族楽器の演奏。8代目蔵元継承の予定。

●語録「伝統を未来に継承するためにも、保守ではなく、常に挑戦していきたい」「日本酒は技術者目線でモノづくりし過ぎ。お客さんはおいてきぼりになっている。おいしくて、カラダが快適であることが一義であるべき」

♠最も自分らしい酒

「新政　亜麻猫《あまねこ》」白麹仕込み特別純米酒

秋田酒こまち60%

著者コメント：日本酒用の黄麹と抗菌作用の強い焼酎用の白麹を使い、脱・速醸酒母をめざした意欲作。亜麻は白と黄色を混ぜた色のイメージ。レモンのような爽やかさと、しなやかな甘みを持った軽いタッチの味。新しい魅力にぞっこん！

♥著者の視点

秋田産の米と6号酵母による純米のみ。また独自の山廃酒母を提唱したり、白麹を使ったり、原酒で低アルコールの実現……など、斬新な日本酒を創造し、「NEXT5」の〝びっくり箱〟と呼ばれる佐藤さん。だが新奇さを狙っているのではなく、異業種で培った鋭い視点から日本酒業界のあり方に一石を投じているもの。その姿勢と、新鮮なテイストを支持するファン急増中だ。

石鎚《いしづち》 **越智浩**さん、**稔**さん 石鎚酒造（愛媛県西条市）蔵元（専務）、杜氏（製造部長）

浩さん（上）は昭和46（1971）年、3代目の長男として生まれ、東京農業大学農学部醸造学科卒業後、酒類問屋に勤め、平成9年家業に就く。現在、酒母と醪を担当。趣味は野球観戦（阪神ファン）。次男の稔さんは昭和49年（1974）年生まれ、東京農業大学卒業後、「武勇」（茨城）で造りを学び、平成11年に家業に就く。原料処理と麹造りを担当。趣味は、寿司の食べ歩き。

●語録「蔵内のスローガンは、食中に生きる酒。米を磨き、水を磨き、自分も磨いて美しい酒を醸したい」（浩さん）

「あて（酒肴）が欲しくなる酒、洗練されたなかに奥深い米味《こめあじ》のする酒をめざす」（稔さん）

♠最も自分らしい酒

「石鎚」純米吟醸 緑ラベル 槽しぼり

麹米・山田錦（兵庫県産）精米歩合50% 掛米・松山三井（愛媛県産）精米歩合60%

著者コメント：熟した果実のようにみずみずしく、舌触りはとろりと滑らか。フレッシュ&ジューシーな魅力にあふれ、カサゴの唐揚げや茹でた蟹、鯛飯など海の幸を食べたくなる。

♥著者の視点

社交的な兄と、飲食が大好きでストイックに造りに取り組む弟。タイプの違う兄弟と、農大出身の浩さんの妻、弥生さんも分析と酵母の培養を担当し、父の英明さんも蒸し米を担当。和やかな雰囲気のなか、食いしん坊が喜ぶ美酒が生まれる。越智家は庄屋から廻船問屋、酒造業に転じ、英明さんは蔵元としては3代目、越智家14代目にあたる。

磯自慢《いそじまん》

寺岡洋司さん　磯自慢酒造（静岡県焼津市）8代目蔵元

昭和31（1956）年、7代目の長男として生まれる。大学卒業後、酒問屋勤務を経て家業に就く。昭和31年から大吟醸を手掛け、昭和60年に糖類添加を廃止し、ステンレス張りの冷蔵蔵《れいぞうぐら》にするなど代々の蔵元が貫いてきた品質路線を引き継ぎ、進化させ、平成14年代表取締役に就任。趣味は田舎巡り。杜氏は多田信男さん（南部）。

●**語録**「酒のためにしてやれることはとことんしたい。もうひと手間かけてあげよう、という気持ちを大切にしたいのです」「人真似は嫌い。へそ曲がりなんでしょうね。そんな反骨精神をバネに、なんとかここまで来ることができたんです」

♠**最も自分らしい酒**

「磯自慢」純米吟醸

山田錦（特A地区東条産　特上米）

麹米・酒母米50%、掛米55%

著者コメント：昭和59年に商品化したロングセラー。きめ細かく、透明感ある清らかな味わい。梨のような香りも心地よく、優雅な酒。生しらすやイカの刺身と合わせたい。

♥**著者の視点**

初恋の酒でもあり永遠のスター。初めて訪れた昭和61年。300石に満たない小蔵の仕込み蔵がステンレス張りでびっくり。「蔵付き酵母が棲めないとの批判はあるが、清潔こそ第一」と先代に説明された。良いと信じたら常識に捕らわれず敢行する姿勢は、当代も変わらず、近年では使う米を兵庫県特A地区の山田錦など最高級品に限定。銘酒としての地位はゆるぎなく、平成20年洞爺湖サミット首相晩餐会では乾杯酒に選ばれた。

一白水成《いっぱくすいせい》

渡邉康衛《こうえい》さん　福禄寿酒造（秋田県南秋田郡五城目町）16代目蔵元

昭和54（1979）年生まれ。東京農業大学卒業。平成18年、従来の「福禄寿」とは別に、「白」い米と「水」から「成」る「一」番旨い酒を意味する純米造りの原酒シリーズ「一白水成」を発表。平成21年社長に就任。野球で鍛えたしなやかな肢体の持ち主。愛読書はイチロー関係の著書。

●語録「飲む人が心からエンジョイできるような〝愉しい〟お酒をめざす」「同世代にとって、もっと日本酒が身近な存在になるよう、魅力を伝えていきたい」

♠最も自分らしい酒

「一白水成」特別純米

麹米・吟の精　精米歩合55％、掛米・秋田酒こまち精米歩合58％

著者コメント：白桃のような華やかな香り、果汁のような心地よい酸味と、ふっくらとした米の甘味のバランスが秀逸だ。懐かしさと都会的な洗練を併せ持つ、現代を代表するモダンタイプの美酒。ぎゅっとスダチを搾った鶏つくねと合わせたら、悶絶必至。

♥著者の視点

創業元禄元年（1688）の老舗蔵を30歳で継承した若ぎみ。秋田県5社の若手蔵元グループ「NEXT5」のなかでも最も若手だが、年々減少していた売り上げを立て直すため、製造から管理、流通まで大変革を断行するなど意欲的に取り組む。新銘柄「一白水成」は、ジューシーでエレガントな美酒として全国で人気になり、「美酒王国秋田」復権にも大きく貢献している。今後は若手を牽引するリーダーとしての活躍が期待される。

いづみ橋《いづみばし》

橋場友一さん　泉橋酒造（神奈川県海老名市）6代目蔵元・製造責任者

昭和43（1968）年蔵元の長男として生まれる。慶應大学商学部を卒業し、証券会社勤務ののち、平成7年に家業に就く。同年に食糧法が施行され、米の栽培の規制が緩和されたことを期に、「相模酒米研究会」を結成して山田錦の栽培を始める。現在、神力も契約栽培、自営田では雄町と亀の尾を自ら栽培。18年度からすべて純米造り。平成20年に社長に就き、25年の造りから杜氏は置かず、製造責任者の役割も務める。特技は、無農薬で栽培する自社田で行う〝チェーン除草〟。

●**語録**「酒造りは米作りから」「日本の農業を守る、という思い」「米の味が出過ぎず、薄すぎず、喉越しの良い辛口の純米酒が我らのスタイル」

♠**最も自分らしい酒**

生酛「黒蜻蛉」純米酒

山田錦（海老名産）精米歩合　麴米60%、掛米65%

著者コメント：「製造の4割が生酛・山廃。地元で育った山田錦を生酛で醸した泉橋らしい酒」と橋場さん。硬水仕込みによるソリッドな印象と特徴的な酸があり、複雑味を楽しめて、後味は爽快だ。豚の味噌漬けなどメリハリある料理と合う。

♥**著者の視点**

豊かな水と肥沃な大地に恵まれ、新宿から急行で45分の首都圏にありながら酒蔵の周りは一面の田んぼ。この自営田で、18年間、真剣に米作りに取り組んできた。愛情ある米を生かしたいと、麴のデータを精密に分析している。杜氏引退後の醸造の手腕にも期待したい。

磐城壽《いわきことぶき》

鈴木大介さん　鈴木酒造店（山形県長井市）蔵元（専務）・杜氏

昭和48（1973）年、古くは廻船問屋、1840年代から酒造業を営む鈴木家の長男として福島県浪江町の漁師町、請戸に生まれる。東京農業大学農学部醸造学科を卒業し、梅乃宿酒造で修業した後、平成10年に家業に就き、弟の荘司さんとともに酒造りをしていた。東日本大震災による大津波から避難するが、蔵は消失。その後の原発事故により避難先から戻れない生活が続くなか、「また磐城壽を飲みたい」との声に励まされ、その年10月に山形県で廃業予定の酒蔵を買い取った。

●語録「日常にしっかりと寄り添える酒、伝統を踏まえた品格を備えた酒を造りたい」「人が集う場にある酒。人々の思いを繋げることができる酒。そんな真の祝酒が目標です」

♠最も自分らしい酒

「磐城壽」純米

夢の香　精米歩合65％

著者コメント：「長年取り組む思い入れのある品種で、自分なりの燗の美学を表現できた」と鈴木さん。優しい印象の酒だが、ぬる燗で飲むとより柔らかく、熱燗にするとキリリと引き締まる。一日の終わり、安らぎの時にお薦め。

♥著者の視点

あごひげをたくわえた、がっちりとした体つき。大震災の8か月前、海を見ながら「うちの酒は海の男の祝い酒。鮟鱇のどぶ汁でぐいぐい飲るのが最高です」と話した姿が忘れられない。海から遠く離れて暮らすが、いつか請戸で酒蔵を再建するという思いは強く、請戸と長井、ふたつの故郷の人々のために家族で酒を醸し続ける。

王祿《おうろく》

石原丈径《たけみち》さん　王祿酒造（島根県松江市）6代目蔵元・杜氏

昭和40（1965）年、5代目の長男として生まれる。関西大学工学部（制御工学）大学院修了。酒問屋で2年働き、平成2年家業に就く。普通酒を中心に地元で販売してきた。大阪の「山中酒の店」に酒を持参するが、ほかの酒を飲んで、自分の酒の不味さに衝撃を受ける。自ら造ることを決め、広島県工業技術センターで学び、平成7年造りはじめた。24年に6代目に就任。愛読する雑誌は『Ｎｅｗｔｏｎ』、趣味はバイク（ハーレー乗り）。

●**語録**「この程度でいい、なんていう態度は物造りではあってはならない。人間が酒にしてやれることなんてわずかなことしかない。我々はそれをつきつめていくしかないんだ」「機械のできることには限界がある。機械では対応できないことを凌駕できるのが、人間の力なんだ」

♠**最も自分らしい酒**

「王祿　丈径」

山田錦（東出雲町産）精米歩合55％

著者コメント：濃密な旨味と弾ける酸、疾走感と躍動感の抜きんでた王祿らしい酒。ミネラルのニュアンスが食欲を刺激する。鯖、とんトロなどをシンプルに調理して食べたら至福。

♥**著者の視点**

強烈な存在感と凜々しさに一口飲んで虜になった。その味は、冬の間、外の世界と交渉を断ち、酒蔵に籠って造りに専念することで生み出される。理論を突き詰める工学修士であり、滾る熱い思いを胸に抱くアーティストでもあり、人にとことん惚れぬく丈径さん。酒は、造る人物の投影である。

凱陣《がいじん》

丸尾忠興《ただおき》さん　丸尾本店（香川県琴平町）4代目蔵元・杜氏

昭和30（1955）年、3代目の長男として生まれる。京都産業大学卒業後、家業に就く。小学生のころから杜氏として基礎を造ってきた西垣信通さん（但馬杜氏）のあと、井上道孝さん（伊方杜氏）が継ぐが、平成11年に引退。丸尾さんは3年間、井上杜氏から指導を受け、製造責任者に就く。趣味は、硬式テニスとドライブ。

●語録「ニホンジンが造るガイジン」

「テーマは、酸と旨味とキレ」

「米と造りによる違いを、料理と合わせて楽しんでもらえたら」（少量ずつ多アイテムを造る理由）

「日本酒を飲むことは娯楽のうちのひとつ。趣味、オタクの世界です。だからウチみたいな変わった酒を気に入ってくれる人がいるのでしょう」

♠最も自分らしい酒

「悦凱陣」純米吟醸　赤磐雄町　**平成20酒造年度**

雄町（赤磐）　精米歩合50%

著者コメント：旨味や甘味、酸など多彩な味を緻密に編み込んで極彩色の絹織物にしたよう。スケールが大きい妖艶な個性派。中華料理やバターを使ったこってり味と合わせたい。

♥著者の視点

初めて飲んだ時、日本酒離れした味わいに「うお～」と叫びのけぞり、3口目で虜になった。蔵元で造り手の丸尾さんは〝変態系のひねくれ酒屋〟と自称、個性的という表現を意に介さない。毎年、酒販店「君嶋屋」君嶋哲至社長のお供でフランスのワイン生産者を訪れたり、全国の酒蔵や泡盛工場を視察して行き着いた境地なのだろう。

醸し人九平次《かもしびとくへいじ》

久野九平治さん　萬乗醸造（愛知県名古屋市）15代目蔵元

昭和40（1965）年、14代目の長男として生まれる。東京でファッションモデルとして活躍。俳優の勉強をしながらパリなどでオーディションを受ける生活を送るが、表現者になれる舞台は家業だと気づき25歳で生家に戻る。高校の同級生の佐藤彰洋さんをスカウトして、先代杜氏や「東一」（佐賀県）勝木部長に学び、平成8年に新銘柄を立ち上げた。醸造や火入れなどのあらゆる面で改善に努め、国内外で評価される有名銘柄に。

●語録「ナチュラルをキーワードに、熟れた果実味、気品、優しさ、懐かしさを感じて頂ける味わいをめざす」

「輸入牛を鉄人が料理しても和牛にはならない。日本酒も同じ。技術でできることには限界がある。これからはもっと米に目をむけていきたい」

♠最も自分らしい酒

純米大吟醸　別誂「醸し人九平次」

山田錦　精米歩合35％

著者コメント：シルキーなタッチ、ゴージャスな旨味が弾けて、爽やかな果実のような余韻が長く漂う。あでやかさと気品を備える世界品質。

♥著者の視点

186㎝の長身に、精悍なマスク、大きな身振り、手振りで話すスケールのデッカイ男。家業を立て直してトップブランドに育てると同時に、国酒としての日本酒を見直してもらおうと、「日本酒の日」に銀座を行進するイベントをしかけたり、フランスへ酒を持参してシェフに味を確かめてもらう活動を続ける。現在は山田錦の自社栽培にも挑戦。名刺には「醸造家」とある。

喜久酔《きくよい》

青島 孝さん 青島酒造（静岡県藤枝市）蔵元（専務）・杜氏

昭和39（1964）年、4代目の長男に生まれる。早稲田大学社会科学部卒業後、証券系投資顧問会社に入社。ファンドマネージャーとして活躍し、NYに渡る。平成8年に家業に就き、農家の松下明弘さんと山田錦の栽培にも取り組み始める。酒造りの技術は元静岡県沼津工業技術センター技監の河村傳兵衛氏に、技能は先代杜氏である南部流の富山初雄さんと、地元志太流の田中政治さんに学んだ上で、16年に杜氏名・傳三郎を河村氏より授かる。司馬遼太郎とクイーン好き。

●**語録**「テーマは、米作りからの酒造り、手作りの酒造り、静岡型の酒造り」

「10年間、毎日、米を見つめ続けてきて、自分の中で米作りと酒造りが一致したと確信が持てた」

♠**最も自分らしい酒**

「喜久酔」純米大吟醸　松下米40と、純米吟醸　松下米50

山田錦（藤枝産　松下明弘氏の作）精米歩合40％、50％

著者コメント：どちらも香りはごく控えめで、口に含むと丸みのある旨味を中心に、五味が一体となって羽のようなタッチで舌の上を滑り、喉を通る。透明感のあるナチュラルテイストだが一本背骨は通った、しなやかな味わい。

♥**著者の視点**

NYでのセレブな日々から、一転、土と汗にまみれる生活へ。「故郷を遠く離れて見つめ直した自分のアイデンティティは酒造りでした。それこそ地に足をつけて取り組むべき一生の仕事だと気が付いた」と語る。麦わら帽子が似合う蔵元である。

紀土《きっど》

山本典正さん　平和酒造（和歌山県海南市）蔵元（専務）

昭和53（1978）年、生まれ。智弁和歌山中学、高校を経て、京都大学経済学部経営学科卒業。人材派遣会社で3年間働いた後、平成17年、母の祖父が創業した酒造業の後継者として迎えられる。現在、社長は商社マンだった父が務め、4代目を継ぐ予定。昭和49年生まれの杜氏・柴田英道さんほか、若い力で酒を醸す。趣味はランニング。東京マラソンにも出場。

●**語録**「ビートルズは僕らにとってロックではなく、心が落ち着く音楽のスタンダード。良いものでも世代によって感じ方が違う。僕は心熱くする現在のロックでありたい。それが次世代にはスタンダードになればいい」

「日本酒には力がある。ワインやウイスキーの真似をする必要はない」

「日本酒を味わうこと。それは2、3秒間のドラマ。感性に訴えかけ、心豊かにするもの」

♠**最も自分らしい酒**

「紀土」純米酒

麹米　山田錦　精米歩合50％、掛米　一般米　精米歩合60％

著者コメント：味の厚みがあり、スパッと潔く切れる。ぬくもりと、シャープさを兼ね備えたモダンな純米酒が1升1890円はお得。

♥**著者の視点**

「紀州の風土、育てていきたい子供（kid）」の意味で立ち上げた銘柄。ロックフェスでふるまったり、若い農家と米の栽培に取り組みながら、新しい飲み手に日本酒の魅力を伝える。熱いハートとクールな頭脳を持った若手のリーダーだ。

澤姫《さわひめ》

井上裕史さん　井上清吉商店（栃木県宇都宮市）５代目蔵元・杜氏

昭和49（１９７４）年生まれ。東京農業大学農学部醸造学科を卒業し、２歳から杜氏をしていた南部出身の小田中良夫さんから２シーズン寝食を共にして技術を叩き込まれ、平成11年に杜氏代行、南部杜氏資格試験に合格した平成15年に、杜氏兼任の専務に。平成25年10月に代表取締役に就任。オフはＪリーグ「栃木ＳＣ」のゴール裏で熱く声を枯らす。影響されたのは尾崎豊。

●**語録**「胸を張って〝地酒〟と言える製品を造りたい」

「酒造りを通じて栃木県の魅力を日本中へ、世界へ発信したい。栃木、大好きですから」

「イメージは、澤の文字の爽やかさと、姫の優美さが共存した酒」

「信条は、信は力なり、です」

♠**最も自分らしい酒**

「澤姫」若人醸酒　特別本醸造

五百万石（栃木県産）精米歩合60％

著者コメント：２０１３年「ＳＦＪ燗酒コンテスト」ぬる燗部門で最高金賞受賞。私も審査員を務めたが、上質感がありながら、しみじみ旨くて、料理が次々浮かんで困ったほど。しかも４合１０００円（税別）！　日常酒の一等賞だ。

♥**著者の視点**

故郷を愛する熱血漢であり、反骨の人である。〝真・地酒宣言〟をコンセプトに、普通酒から大吟醸酒、出品酒まで全製品に栃木県の米を使用。ひとごこちで醸した大吟醸で２０１０年のＩＷＣ・ＳＡＫＥ部門でチャンピオン受賞。山田錦でなくとも評価されることを証明してみせた。

而今《じこん》　大西唯克《ただよし》さん　木屋正《きやしょう》酒造（三重県名張市）6代目蔵元・杜氏

昭和50（1975）年生まれ。上智大学理工学部機械工学科を卒業し、雪印で4年間勤務。（独）酒類総合研究所で理論を学び、母の実家を継ぐべく、平成14年酒蔵へ入り、3年目に杜氏になり、平成24年社長に就任する。写真撮影とロードバイクが趣味。

●語録「今が最善ではない。もっと良い方法があるはずだ。改善を繰り返せ！」

「米1粒に、麹菌3個食い込むよう種麹を切る」

「考えているのは酒造りのことばかり。ほかのことにあまり興味ない。造りが始まる前にも、必ず上原浩先生の『日本酒と私』を読み返します」

♠最も自分らしい酒

「而今」純米吟醸　山田錦

山田錦　精米歩合50％

著者コメント：品の良い甘味と香りがふわりと膨らんで、すうっと清らかに消える。綺麗な甘みと甘さより少し控えめな酸とのバランスが秀逸。

♥著者の視点

現代人が素直に美味しいと思える味、それが「而今」なのだろう。少量しか造らず、入手困難。大西さんは若手杜氏のトップスターだが、10年前は廃業の危機。杜氏の元で働くが、経験と勘を頼りにした大ざっぱなやり方に納得できず、3年目には杜氏を解雇。（独）酒類総合研究所の宇都宮仁氏（当時）から電話で指導を受けながら、すべての工程を理想通りに進行させながら造った。その初年度の酒が圧倒的な評価を得たのだ。ロマンは語らず精緻なモノ造りをする理科系技術者タイプだが、作品は心をとろけさせる魅惑に満ちている。

七田《しちだ》

七田謙介さん　天山酒造（佐賀県小城市）6代目蔵元

昭和45（1970）年、5代目の長男として生まれる。九州大学経済学部卒業直前、父が重病だと聞かされ、就職を断念。東京農業大学短期大学部醸造学科で学び、「梅錦」（愛媛）で大吟醸造りを中心に2年間修業し、家業に就く。社員杜氏の後藤潤さん（昭和41年生まれ）と造り上げた「飛天山」が全国新酒鑑評会で、初めて金賞受賞。平成14年、逆転の発想で発表した75％精米の酒が人気となる。平成21年に代表取締役に就任。趣味は、地元サッカーチーム「サガン鳥栖」の応援。

●語録「佐賀の酒蔵として、有田焼を初めとした酒器の魅力も発信したい」

「日本酒は、ワイン以上に食中酒としてのパフォーマンス能力は高い」

「テーマは米の旨味と、軽快な酸。そのバランスを大切にする」

♠最も自分らしい酒

「七田」純米　七割五分磨き

山田錦　精米歩合75％

著者コメント：米の旨味がたっぷりのった味わいで、飲んだあとに豊かな酸が来る。相性抜群なのが牛や豚、鶏などの胡麻だれソース。肉の旨さに負けず、酸でドシンと切り、快感を呼ぶ。山田錦のほか、雄町、愛山、山田穂の3種がある。

♥著者の視点

「天山」銘柄の大吟醸で一部ファンには知られていたが、米の旨味を表現する路線に切り替えたところ全国区の人気に。「牡蠣にはシャブリより日本酒の方が断然合う！」と、精力的に世界を飛び回る。

七本鎗《しちほんやり》

冨田泰伸さん 冨田酒造（滋賀県長浜市）蔵元（専務）

昭和49（1974）年、天文2（1533）年創業の老舗蔵の次男。父が国立大学教授に就任したことから、母が社長になり、兄も公務員に。15代目を継ぐため、協和発酵で5年間営業職を経て蔵に入る。普通酒中心だったのを純米路線にシフト変更するなど現場責任者として手腕をふるう。ラベルは親交があった魯山人の書。

●**語録**「めざすのは、北近江から発信する酒」「オリジナルなものが好きです。大量生産の既製品ではなく、個人がクリエイトしたもの。自分が満足するもの。大衆が支持したものではなく、自分が満足するもの。日本の伝統文化が継承されるためには、そういう観点でものを選ぶ人が増えてほしいと思う」

♠**最も自分らしい酒**

「七本鎗」無農薬純米「無有」

玉栄　精米歩合60％

著者コメント：滋賀県産の米、なかでも玉栄に思い入れが強い冨田さんが、同世代の農家と出会って、ともに歩むことで無農薬栽培を実現できた酒。幅を感じる旨味と輪郭のはっきりとした酸が交錯する複雑な味わい。燗でさらに花開く。

♥**著者の視点**

服のモデルとして原宿駅にポスターを貼られたこともある日本酒界きってのイケメン。深みのある味わいも相まって、特に関西では抜群の知名度、欧米にもファンが多い。学生の頃、県内の「松の司」を飲んで、「うちはただ造って売っていただけだった」と気がつき、麹室の改装や冷蔵庫の導入など徹底的に改善。農家との交流も熱心に進め、滋賀発信の地酒を訴えている。

寫樂《しゃらく》

宮森義弘さん　宮泉銘醸（福島県会津若松市）4代目蔵元

昭和51（1976）年、3代目の長男として生まれる。成蹊大学工学部卒業後、SEの仕事を4年間務めたあと、福島県清酒アカデミーで酒造りの基礎を学ぶ。昭和29年に分家創業し、鶴ヶ城の御膝元で「宮泉」銘柄を醸してきたが、宮森さんが平成17年に廃業した本家筋の銘柄「寫樂」を復活させた。平成23年社長に就任、製造責任者も兼任する。好きな映画は「ゴッドファーザー」。

●語録「去年の寫樂とは違うと言わせたい。年々進化してみせます」

「日本酒って素晴らしいね、おいしいね、そんな風に言ってもらえる味わいにしたい」

♠最も自分らしい酒

「寫樂」純米酒

夢の香　精米歩合60%

著者コメント：「自分たちで設計した酒の第一号であり、柱の商品」と宮森さん。ふんわりと良い香りが漂い、綺麗な甘さと背景に酸の存在が隠れる、キレはすんなりまとまる。すべてが程よく、かといって優等生的ではない愛嬌がある。飲み手を選ばず、幅広い料理に合う。現代人の嗜好にド・ストライクで迫る。

♥著者の視点

ノリのいい愛されキャラ。地元の大先輩「飛露喜」に衝撃を受け、自分なりに再現すべく「寫樂」を立ち上げ、タンク1本からスタート。当初の作は〝良くできた香り高い酒〟としか思えなかったが、先輩たちにもまれ急成長。全国が認める美酒となり製造量も増えた。さらなる進化をめざし、米の契約栽培にも地道に取り組む。

十四代《じゅうよんだい》

高木顕統《あきつな》さん　高木酒造（山形県村山市）蔵元（専務）・製造責任者

元和元（1615）年創業の老舗蔵の14代蔵元の長男として昭和43（1968）年生まれる。東京農業大学農学部醸造学科を卒業し、クイーンズ伊勢丹で酒売り場を担当。杜氏が突然引退することになり、急遽呼び戻され、高熱を出しながら造り上げた中取り純米は、淡麗辛口が全盛の時代に芳醇旨口な味でセンセーションを巻き起こした。いま最も入手困難な銘柄の一つ。15代継承の予定。サザンオールスターズのファン。

●**語録**「テーマは芳醇旨口。20年前から不変」「我が子のように大切に醸しましょう」（酒母室の入口の看板に自筆で）「旨さは絶対的なものとして存在する」「常に危機感はある。飲食店で飲んで確認を繰り返し、気になることがあったら脂汗が出る。その夜は眠れません」

♠**最も自分らしい酒**

「十四代」本丸

美山錦　精米歩合55％

著者コメント：デビュー翌年に発売し「十四代」の名を知らしめた特別本醸造で、「酒質、価格とも原点で基本」と高木さん。当時の溌剌とした魅力とは違う軽やかさや落ち着き、艶がある。それは高木さんが求める、その時点の旨さであり、時代が求める味でもある。

♥**著者の視点**

ファンはもとより蔵元の跡取りたちが憧れる存在。何度も蔵を訪問してきたが、その度に感じるのは鋭敏な味覚の持ち主であることと、自分の信じた「旨さ」へ向かって一切の妥協を許さず突き進む努力の天才であるということだ。

白瀑《しらたき》

山本友文さん　山本合名（秋田県山本郡八峰町）6代目蔵元・杜氏

昭和45（1970）年生まれ。アメリカ・レイクスペリオル州立大学機械工学部を卒業。エンジニアを目指していたが、通訳を務めたのが縁で、宮沢和史さんや小野リサさんらが所属する東京・目黒の音楽事務所で勤務。家族からの要請で、急遽、後継者として故郷へ戻る。平成19年から杜氏として造りの総責任者に就任。平成22年度からすべて純米造りに。特技は機械いじり、趣味は収集（フィギュア、超合金、ネオンサイン）。

●語録「些細なことでもできるだけ丁寧に。経験が浅い僕らができることはそれしかない」「面白そう！　楽しそう！　きっかけはなんでもいい。日本酒に興味を持ってもらえたら……」

♠もっとも自分らしいお酒

「山本」純米吟醸

秋田酒こまち　精米歩合58%

著者コメント：通称、〝白山本〟。透明感ある甘味が広がるピュアで穢れのない酒。米は酒蔵を見下ろす自社の棚田で、有機栽培。しかも米を育てる水と、蔵に引き込まれた仕込み水は、同じ白神山地の自然湧水という山本さん思い入れの深い作品。

♥著者の視点

マッコリのような活性酒「ど」、真っ黒な「どクロ」、青い「ブルーハワイ」など遊び心あふれる日本酒を世に送り出すとともに、音楽事務所勤務の経験を生かし、お洒落なイベントを次々と繰り出すシティボーイ。その一方で〝栽培醸造家〟を目標に、雑草と格闘しながら米の無農薬栽培にも着手する。秋田の若手蔵元グループ「NEXT5」の〝切り込み隊長〟。

睡龍《すいりゅう》

久保順平さん、**加藤克則**さん　久保本家酒造（奈良県宇陀市）11代目蔵元、杜氏

久保さん（左）。昭和36（1961）年生まれ。金沢大学経済学部卒業、大和銀行を経て、家業に就く。普通酒主体であったが方向転換をめざし加藤杜氏を迎え蔵を大改造。平成16年「睡龍」を立ち上げる。好きな音楽家はバッハ。楽器演奏が趣味。

加藤さん。昭和34（1959）年生まれ。建設業界から転身。数か所で学び8年に杜氏。15年久保本家に入る。好きなミュージシャンは、ステファン・ミクス、キース・ジャレット。

●語録　久保さん「酒造りは人づくり」「家訓は、一年の計は田んぼにあり。百年の計は山にあり。それ以上は人にあり」。加藤さん「生酛がスタンダード。日本酒を未来につなぐ一歩になる」「私が造る酒は単体では美味しくないが、まっとうな料理と合わせれば一時の癒しになると思います」。

♠最も自分らしい酒（久保さんの自薦）

「睡龍」生酛　純米吟醸

山田錦（阿波産）精米歩合50％

著者コメント：冷やで飲むとゴツイ印象だが燗で豹変！ぐぐっと料理の味を持ち上げて豊かな酸でバシッと切る快感！魚、肉、野菜なんでもござれ。

♥著者の視点

日本酒の匂いが嫌いだったが純米酒に出会い、父親と大喧嘩して高収入の仕事を辞め、飲みたい酒を造るために酒造りの仕事に就いた加藤さん。「生酛で熟成させて出荷したい」と経営的には厳しい提案に「好きな酒を造っていい」と受け入れた蔵元・久保さんと共に、唯一無二の酒を醸す。「睡龍」は貯蔵（眠らせて）熟成するイメージ。

仙禽《せんきん》

薄井一樹さん せんきん（栃木県さくら市）蔵元（専務）

昭和55（1980）年、文化3（1806）年創業の老舗蔵の長男として、11代目を継ぐべく生まれる。田崎真也さんが世界一に選ばれたことからソムリエに憧れを抱き、大学を中退。日本酒サービス研究会で学ぶなかで、実家の酒の質の悪さに気付き、家業の立て直しを決意。（独）酒類総合研究所で基礎を学び、平成15年家業に就く。大学卒業後、「笹一」（山梨）で学んだ弟の真人さんと共に、兄弟で品質路線の酒造りに方向転換。製造計画や麹造りなどすべてを統括。趣味は茶道。

●**語録**「信条は『卵を割らなければオムレツは作れない』。行動を起こさなければ前に進まない、自分の殻を割らなければ得られない何かがある、という2つの意味がある」「柔軟な発想で酒を造る。伝統とは単に昔のままを守ることではなく、時流に合った、その時代に受け入れられるもの」

♠**最も自分らしい酒**

「仙禽」クラシック　雄町

雄町（岡山県産）精米歩合50％

著者コメント：ゆっくりと旨味が花開く。迫力勝負の雄町ではなく、緻密さと深みと気品を感じる味わい。薄井さんが栽培を手がける「亀の尾クラシック」も、押し味のある佳品だ。

♥**著者の視点**

常識を覆す濃厚な甘酸っぱさ、イケメン蔵元としてのTV出演など目立つ存在だが、廃業寸前の家業を立て直す涙ぐましい戦略だったのだ。その証明が王道を行くクラシックシリーズ。地元での酒米の栽培など地道な取り組みを続けている。

蒼空《そうくう》

藤岡正章さん　藤岡酒造（京都府京都市伏見区）5代目蔵元・杜氏

昭和44（1969）年生まれ、3代目の長男として生まれる。東京農業大学農学部醸造学科卒業。「万長」銘柄で、最盛期には8000石製造していたが、平成6年に3代目が56歳の若さで急死、母が4代目を継ぐが翌年には阪神大震災にあい、平成7年に休業。蔵を復活させるため、正章さんは酒問屋で働きながら「満寿泉」（富山）、「万齢」「天吹」（佐賀）、「日高見」（宮城）など先輩や友人の酒蔵で研鑽を重ね、平成14年に酒蔵を新築し、蔵元杜氏としてわずか28石の製造からスタートした。リッチー・ホートンのファン。

●**語録**「青空を見上げた時に優しい気持ちになれるように、蒼空という銘柄を造りました」

「蔵が閉鎖される直前のお酒の味わいと感動は忘れることができません。いつかは自分の手で、あのお酒を越えるものを造りたい」

♠**最も自分らしい酒**

「蒼空」純米酒　美山錦

美山錦　精米歩合60%

著者コメント：繊細な舌触りではんなり優しい飲み口。きめが細かく綺麗な旨味を楽しめて、軽やかに消える。500ミリリットルサイズの透明瓶も美しい。

♥**著者の視点**

「もう一度造りたい」。休業中に会った藤岡さんの真剣な目を忘れられない。赤レンガ倉庫を改装して再スタートした酒蔵は、酒工房と呼びたいようなミニサイズで、ガラス越しに仕込みの様子を眺められる。酒も蔵もモダンテイストで、新時代の息吹を感じる存在として注目している。

大那《だいな》

阿久津 信さん 菊の里酒造（栃木県大田原市）8代目蔵元

昭和50（1975）年、7代目の次男として生まれる。東京農業大学醸造学部を卒業し、食品会社に入社するが、長男が医師の道に進んだため、家業を継承。新銘柄「大那」を立ち上げ、平成20年の造りから製造責任者、平成25年に社長に就任した。特技は南米を放浪していたときに本場キューバで学んだサルサ、スペイン語、どんな場所でもアドリブで通せること。「破滅的なところが好き」と村上龍の作品はすべて読破。

●語録「那須五百万石のポテンシャルを最大限に引き出したい」

「自分が気持ちいいだけではなく、相手も楽しませるのがサルサの極意。お酒も同じ」

「米の生産者から酒造り、流通に至るまで、人と人との繋がりが強いことが自慢」

♠最も自分らしい酒

「大那」純米大吟醸 五百万石

五百万石（那須産） 精米歩合45％

著者コメント：「大いなる那須の恵み」を意味する「大那」らしさが表れた伸びやかでスケールの大きさが魅力。純米大吟醸酒だが香りは控えめで、もちもちとした旨味があり、飲むほどに五味が湧きあがってくる。食事と楽しみたい佳品だ。

♥著者の視点

屈託のない笑顔で、人の懐にするりと入ってしまうお茶目な青年だが、負けん気も人一倍だ。主に桶売りを行う蔵だったが改革を断行し、いまや全国で酒質が評価される銘酒に育て上げた。米に対する意識も高く、地元の契約農家と信頼関係で結ばれている。

貴《たか》

永山貴博さん

永山本家酒造場（山口県宇部市）5代目蔵元・杜氏

昭和50（1975）年、4代目の次男として生まれる。カナダへ語学留学後、独立行政法人「酒類総合研究所」で研修。腕利き杜氏に付いて2年間学んだ上で、平成13年、名前から一字とった純米造りだけの新銘柄「貴」を立ち上げるとともに杜氏に就任。平成25年には社長に就任し5代目蔵元に。趣味はロードバイクと、スーパー銭湯通い。

●**語録**「テーマは〝癒しと米味（こめあじ）〟。飲むほどに癒され、米の味が広がる酒」「生きる指針はThink Globally Act Locally.（世界視野で物を考え、地に足をつけ行動する）」「後ろ姿がきれいな酒を造りたい」

♠**最も自分らしい酒**

特別純米「貴」

麹米・山田錦、掛米・八反錦　精米歩合60％

著者コメント：香り控えめで極めてソフトなタッチ、まるい旨味が徐々に広がって、静かにフェイドアウトする。和洋中、幅広い料理と合う万能の食中酒。家庭に常備すれば大活躍するはずだ。

♥**著者の視点**

がっちりとした体軀、優しい眼差し、ひょうきんなしぐさ。日本酒界のゆるキャラ〝ゴリさん〟。人柄そのままの優しさと強さを兼ね備えた包容力のある味わいで人気を集めている。一方で、常に思索し、実践する知的行動派。自営田で自ら山田錦を栽培し、蔵付き天然酵母の酒造りに挑戦するのは、ワインが食中酒としてグローバルスタンダードであることを踏まえたもの。世界で評価される「SAKE」のあり方を模索し続けている。

竹鶴《たけつる》

石川達也さん　竹鶴酒造（広島県竹原市）杜氏

昭和39（1964）年、「賀茂鶴」で専務を勤めた父の三男として、東広島市西条に生まれる。早稲田大学第二文学部在学中から神亀酒造で修業。平成6年に竹鶴酒造に入り、8年に杜氏に就任。好きな作家は、内田樹、花村萬月。

●語録「放し飼いの酒造り」「真の個性とは狙って出すものではなく、滲み出てくるもの」

「杜氏の務めは、その蔵の水や環境、その年の米の性質や気候などを勘案し、最良と判断する造りを選択していくこと」「酒の存在する意味は、飲んだ人に生きる力を与えられるところ」

「生酛と速醸の酒の違いは、味そのものではなく、味を下支えする部分の差」

♠最も自分らしい酒

「小笹屋竹鶴」生酛純米　原酒

雄町（広島産）精米歩合70％

「先人の知恵や精神を学んでいる酒。決して自分の作品ではない」と石川さん。迫力ある酸味と旨味、堂々とした存在感。漲る生気。燗にして地鶏など肉料理と飲みたい。

♥著者の視点

人間の管理下に置かない酒造りを貫く、酒造界の〝ゴジラ松井〟こと石川杜氏。「酒造り＝エロスなる妄想にとりつかれている」との発言に驚き、真意を問うと長文の回答が来たが、「自然と一体化するという姿勢を大事にしたい。自然とは命であり、命が満ちているものや場所。その観点でみると、酒造りとは命を生む行為であり、子づくりだという見立てに達した」という趣旨だと私なりに解釈。哲学者だ！

獺祭《だっさい》

桜井博志さん　旭酒造（山口県岩国市）3代目蔵元

昭和25（1950）年、2代目の長男として生まれる。松山商科大学経営学部卒業、灘の酒造会社を経て、昭和59年に社長に就任するが、販売は減少の一途。従来の「旭富士」とは別に、平成2年、東京へ向けて高い品質の銘柄「獺祭」を発表。日本で一番、米を磨いた「二割三分」で人気に火が付き急成長し、18カ国で販売される世界のブランドに成長させた。杜氏制度は取らず、桜井さんが編み出した製法で四季醸造。好きな作家はジェフリー・アーチャー、音楽は最近目覚めたショパン。

●語録「お客さまの『ああ、美味しい』という一言にすべてをかけてきた。数字は評価の裏付け」

「〝幻の酒〟戦略で、良質な酒蔵が量を造らないままでいると、美味しい酒を飲める人は限られる。一般のお客様は、いつまでたっても美味しい酒を飲むことができないんです」

♠最も自分らしい酒

「獺祭」磨き二割三分

山田錦　23％精米

著者コメント：真珠のように輝く小さな米粒から醸される香り涼やかで、はかなくも優しく、誰もが上質と感じる酒。河豚となら、さらに良し。

♥著者の視点

すべての酒が山田錦を使った純米大吟醸と、わかりやすく、百貨店でも売っている。一部マニアではなく、飲みたい人が飲める、ちょっと高いけど裏切らない酒。「獺祭」の名前は口コミで広がっていった。クールジャパンの代表として世界のファンを広めて欲しい。

玉川《たまがわ》　フィリップ ハーパーさん　木下酒造（京都府京丹後市）常務取締役・杜氏

昭和41（1966）年生まれ。イギリスのコーンウオール州で育ち、オックスフォード大学で英・独文学を専攻。卒業後、昭和63年JETプログラムで来日し、大阪市内で英語教師をしているときに日本酒に魅せられ、梅乃宿酒造（奈良）に蔵人として入社。須藤本家（茨城）、大門酒造（大阪）で、但馬流、南部流、能登流の3流派の杜氏の元で学び、平成13年に南部杜氏組合の資格試験に合格、19年から木下酒造へ。著書に『The Book of Sake』ほか。

●語録「軸とするのは『和』・『旨味』・『熟成』」「データや理屈でわかろうとしないで欲しい。自分で旨いと思えば何でもあり」

「まだまだ経験不足だけど、旨味の表現方法は無限にあると思う」

♠最も自分らしい酒

「玉川」自然仕込み　山廃純米

北錦、雄町、五百万石、祝など。精米歩合66%

著者コメント：酵母無添加で仕込んだ山廃シリーズで、私が最も好きなのは雄町。たっぷりした旨味があるのに嫌味がなく、酸で切れあがる。煮穴子や豚の角煮と合わせたら悶絶。

♥著者の視点

試飲会場で唎き酒する姿を頻繁に目撃するが、終わると関西弁交じりの流暢な日本語でフランクに話してくれる。古い文献を読み込み、酵母無添加の仕込みに挑戦したり、「アイスブレイカー」「タイムマシン」などユニークな酒を発表。日本酒本来の旨みを提案し続ける。「趣味は日本酒とフリークライミング」と答える根っからの日本酒好き。

天青《てんせい》　五十嵐哲朗さん　熊澤酒造（神奈川県茅ヶ崎市）杜氏

昭和48（1973）年、会社員の家庭に生まれる。微生物に興味があり、東京農業大学農学部醸造学科で学び、湘南地域に唯一残る酒蔵、熊澤酒造に平成8年入社。平成12年に杜氏に就任し、従来の「曙光」銘柄に加え、6代目蔵元の熊澤茂吉さんと共に、湘南をイメージした銘柄「天青」を発表。「湘南ビール」の醸造責任者も兼任。趣味は、微生物で遊ぶこと、機械いじり。

●**語録**「湘南の蔵らしく、爽やかさの中にも米の味わいを感じる酒をめざす」「ぶれない酒質であること」「simple is best」「発酵は保存の技術であると同時に美味しく食べる工夫でもある。熟成させるとさらにおいしくなる。素晴らしい文化です」

♠**最も自分らしい酒**

「天青」千峰　熊本9号

山田錦　精米歩合50％

著者コメント：香り控えめで、締まった米の味わいと、飲んだ後の爽快感で、すいすい盃が進む。和食はもちろん、軽いイタリアンともぴったり。

♥**著者の視点**

端正な顔立ちの都会的な青年だが、熱い思いを秘めた腕利き杜氏。面接では気持ちを表現できず、一度は不採用に。熊澤社長は「居酒屋の主人の薦めで再度面接し、ご両親に会って採用を決めた」と言う。発酵や熟成について話し始めたら止まらない〝発酵マニア〟で、酒蔵では発酵調味料や粕酢を造ったり、防空壕で酒を熟成させ、自宅の冷蔵庫には自家製の発酵食品がぎっちり。好きな道を究める一途な姿は好感度100％。

東洋美人《とうようびじん》

澄川宣史《たかふみ》さん　澄川酒造場（山口県萩市）4代目蔵元

昭和48（1973）年、3代目の長男として生まれる。東京農業大学農学部醸造学科の在学中に、「十四代」で研修。家業に就き、先代の杜氏（但馬）の元で働き、25歳で杜氏として酒を造り始める。平成19年、社長に就任。好きなミュージシャンは、親交のある「コブクロ」。

●語録「いつでも失敗する恐怖に怯えています。だからこそ当たり前のことを当たり前に、ただし完璧に行って、まっとうな発酵に導くことに細心の注意を払う」

「こういう酒ができました、ではなく、自分の目指す味に到達させるのが目標」

「米の味や酵母の香りが出過ぎない、稲をくぐりぬけた水のようでありたい」

♠最も自分らしい酒

「東洋美人」純米吟醸　酒未来

酒未来　精米歩合50％

著者コメント：「公私ともにお世話になっている『十四代』高木社長から酒米を譲られ、5年間試行錯誤した上で発表した思い入れのある酒」と澄川さん。上品な香りと静かに広がっていく旨味、透明感。出過ぎるものがない洗練のハーモニー。

♥著者の視点

自分を追い込みながら完成度を追求、「十四代」高木顕統さんが〝一番弟子〟と公言するなど技術力で定評ある蔵元。平成25年7月の集中豪雨では酒蔵や自宅が濁流に飲み込まれ壊滅的な被害を受けた。「失ったものは大きいが、元に戻すのではなく次の次の世代に繋がる酒造りをする」と設備投資する。その姿勢にエールを送りたい。

鍋島《なべしま》

飯盛直喜さん　富久千代酒造（佐賀県鹿島市）蔵元・杜氏

「佐賀らしい甘さと米の旨味、搾りたてのフレッシュ感を瓶に閉じ込めたい」

昭和37（1962）年、「富久千代」を醸す蔵元の長男として生まれる。明治大学卒業後、東京で会社勤めをしていたが、父の入院を期に帰郷を決意。醸造試験場で基礎を学んだ上で、平成元年に家業に就く。地元の酒販店とともに、佐賀を代表する酒を造ろうと新聞で名称を公募。佐賀藩を統治した鍋島家にちなみ「鍋島」を選択。当家の末裔の了解を得たうえで、平成10年にデビューした。14年から前杜氏（肥前）の後を継ぎ杜氏に。

●**語録**「『故郷に錦を飾る』と言う言葉があるが、故郷に錦を着て帰ることを願う前に、郷土を錦で飾ることを考えよ』。「青年団の父」田沢義輔先生の言葉ですが、私の人生訓です」

♠**最も自分らしい酒**

「鍋島」純米吟醸

山田錦　精米歩合50％

著者コメント：佐賀の酒らしい柔和な甘みを豊かな酸がひきしめ、生酒のようなフレッシュ感がある。揚げ物、炒め物や中華、軽いイタリアンにも合う。現代の食卓にふさわしい1本。

♥**著者の視点**

平成15年、ガレージのような小さな蔵で一人で酒を醸していた。10年後に訪問するとモダンなテイスティングルームも併設され、10人体制で造っているという。平成16年、初めて出品した全国新酒鑑評会で入賞した翌年から連続金賞、23年にIWCでチャンピオン酒に選ばれるなど輝かしい成績を収め、九州を代表する銘酒へ成長。努力に脱帽。

奈良萬《ならまん》

東海林伸夫さん　夢心酒造（福島県喜多方市）6代目蔵元

昭和43（1968）年、東海林家10代目の長男として生まれる。青山学院大学卒業後、醸造試験場で学び、平成7年に家業に就く。「夢心」銘柄で地元中心に販売する中堅の酒蔵。純米造りのシリーズを全国の熱心な酒販店に向けて展開しようと考え、地元で契約栽培した五百万石を使い、純米大吟醸に使っていた東海林家の屋号「奈良萬」を銘柄に採用。平成11年から販売を始めた。平成20年に東海林家11代、6代目蔵元に就任。杜氏は地元喜多方出身の石川達明さん（昭和31年生まれ）。

●**語録**「めざすのは、主役と、料理を引き立てる脇役、両方を演じられる酒」

「いつの間にか盃が空になり、『もう一杯！』と注文したくなるような酒。口に含むと、自然に微笑んでしまうような酒を造りたい」

♠**最も自分らしい酒**

「奈良萬」純米酒　無濾過瓶火入れ

五百万石（地元契約栽培）　精米歩合55%

著者コメント：冷やで飲むとさらりとした第一印象だが、艶のある甘味があり、飲むほどに旨くなる。燗にするとふっくらと色っぽい美酒に。料理も、シーンも選ばず楽しめるオールラウンダーだ。

♥**著者の視点**

東京の居酒屋に頻繁に出没し、店主や客と交流。穏やかな笑みを絶やさず、場を和ませる大柄な好漢で、酒の優しい味わいとともにファンの心を掴んでいる。体型から想像できないが、サッカー審判員の資格を持ち、週末は子供たちの試合でホイッスルを吹く。写真の腕もプロ級。

南部美人《なんぶびじん》

久慈浩介さん 南部美人（岩手県二戸市）5代目蔵元

昭和47（1972）年、4代目の長男として生まれる。東京農業大学農学部醸造学科で小泉武夫氏のゼミで学び、在学中に、「香露」（熊本）、「勝山」（宮城）、「八重泉」（沖縄）で研修。家業に就き、先代杜氏に現場の仕事を学ぶ。現在、杜氏は南部杜氏の松森淳次さんが務め、久慈さんは日本酒とリキュールの製造を統括している。平成25年12月に代表取締役社長に就任。特技は海外出張。

●語録「祖父は60年前、二戸の地酒を岩手の酒に、父は35年前、日本の酒にした。私は世界の〝南部美人〟にする」「誰かがやらなくちゃいけないいなら俺がやる」「坐して死ぬより、前のめりになって切りかかって死にたい」

♠最も自分らしい酒

「南部美人」糖類無添加　梅酒

ぎんおとめほか　精米歩合65％

著者コメント：「梅酒用に改良した全麴仕込みの甘口の純米酒を使い、糖類を加えず造った業界初の糖類無添加梅酒。製法は特許を取得した自信作」と久慈さん。甘さを控えた爽やかな味わいで、食前だけではなく、食べながら飲める梅酒。

♥著者の視点

業界イチの元気印。行動し、発言する男である。一年に地球を3周する距離を移動し、輸出は23カ国、売り上げの10％超が海外向けだ。日本酒全体の活性化にも熱心で、東日本大震災の直後に自粛ムードが漂い、花見の飲酒まで規制する動きの中で、「東北の酒を花見で飲んで応援してください」とYou Tubeで発信。反響は大きく、支援の輪は広がっていった。

根知男山《ねちおとこやま》

渡邉吉樹さん　渡辺酒造店（新潟県糸魚川市）6代目蔵元

昭和36（1961）年、農家の次男として生まれる。東京経済大学卒業後、東京で金融関係の仕事に就くが、5代目蔵元の娘と結婚し、平成13年に6代目を継ぐ。食糧法が施行された平成7年を契機に農家と直接契約栽培を始めるが、農家の高齢化で15年から自社栽培を開始。農業生産法人でもある。新潟清酒学校と新潟県醸造試験場で学んだ上で、独自の製造計画を立て、杜氏制度をとらず渡邉さんの総指揮の元に、10人の社員で米の栽培から酒の仕込みまでを行う。趣味はバイク。

●**語録**「根知は奇跡の谷です。地形や谷を渡る風、太陽の角度、水質など、良質な米作りに最高の条件が揃っているのです」

「根知の米で表現する。それがうちのスタイル」

「米を育む田んぼは日本の共有財産。景観を残すのは酒造家として、日本人としての義務だという思いに突き動かされている」

♠**最も自分らしい酒**

「Ｎｅｃｈｉ」2012 Hinotsume

五百万石（根知谷産　特等米）55%

著者コメント：「2005年産以来最高の出来栄えの日ノ詰地区の米。587本限定」。余韻の長さと味の伸び、五味を品よく表現した味わいに驚愕。五百万石の最高峰。

♥**著者の視点**

訪問者をまず田んぼへ案内し、気候や地形、稲に関して情熱的に語る。その姿はワインの栽培醸造家と重なる。「日本酒の醸造技術は世界で類を見ない水準に行き着いた。今後も技術論だけで語るのは限界がある」という言葉は含蓄深い。

白隠正宗《はくいんまさむね》

高嶋一孝さん　高嶋酒造（静岡県沼津市）蔵元・杜氏

昭和53（1978）年生まれ。文化元（1804）年創業。禅の中興の祖と言われ、近年では禅画で注目される白隠禅師の名を冠する由緒ある銘柄を造る蔵元。東京農業大学農学部醸造学科を卒業し、南部出身の先代杜氏、古舘章一さんから造りの基礎を学び、平成16年に代表取締役に就任し、平成20年に杜氏も兼任に。柔道五段。落語家、柳家喬太郎のファン。マニュエル・ゲッチング、池田亮司など〝気概のある音楽〟が好き。

●**語録**「信条は、犀の角のように、ただ独り歩め」

「地域の風土や食文化を感じる地酒が、目標」

「地元、沼津特産ムロアジの干物が映える味を意識します。干物を食べながら、だらだらと長く飲み続けられる酒が理想です」

♠**最も自分らしい酒**

白隠正宗　山廃純米酒

山田錦　精米歩合65％

著者コメント：静岡の酒らしい透明感と、山廃らしい複雑味や深みがあるが、緊張感は皆無。長年連れ添った配偶者のような気の置けない良さがある。特に燗にしたときの、ゆるゆると心身に染み渡るような穏やかな旨さがたまらない。

♥**著者の視点**

優しい眼差しと、白隠が描く達磨のような迫力ある体軀の持ち主。柔道五段と知って納得。誉富士など静岡の米や静岡酵母を積極的に使い、地元特産の干物との相性を考えるなど地酒という存在を意識している。若い蔵元杜氏の作としては珍しい肩の力の抜けた魅力あり。

伯楽星《はくらくせい》

新澤巖夫さん　新澤醸造店（宮城県大崎市）5代目蔵元

昭和50（1975）年、4代目の長男として生まれる。東京農業大学農学部醸造学科を優秀な成績で卒業。2年間、杜氏の下で働いたのち、平成14年に自ら杜氏に就き、従来の銘柄「愛宕の松」に加えて、「伯楽星」を立ち上げた。平成23年先代の死去に伴い36歳で5代目に就任。

●語録「めざすのは〝究極の食中酒〟」

「一杯目にインパクトはいらない。料理を口にしたあとにおいしいと感じられる酒」

「料理を引き立てる縁の下の力持ちでありたい」

♠最も自分らしい酒

「伯楽星」純米吟醸

蔵の華（宮城県特別栽培）精米歩合55%

抑制の効いた旨味と涼やかな酸が心地いい。口に入れた瞬間は静かな印象だが、料理と料理の間の空白を綺麗に埋めてくれる。特にタラの白子との相性は感涙もの。

♥著者の視点

闘う男である。家業が危機的な状態にあるなか、新聞配達をしながら奨学生として学び、アルバイト代を酒代に継ぎこんで唎き酒能力を鍛え、最年少で唎き酒名人に。香り高く、旨味たっぷりな無濾過生原酒が流行っても、料理を生かす控えめな酒にこだわり続け、熟成しすぎた酒を店頭から引き上げるために毎年全国7000㎞の〝地獄のロード〟に出る。東日本大震災では蔵が全壊認定となり、同年に父が逝去、大きな借金をして75㎞離れた場所に製造蔵を購入し、新たな環境で「さらにレベルアップする」と闘志を燃やす。

春霞《はるかすみ》

栗林直章さん　栗林酒造店（秋田県美郷町）7代目蔵元・杜氏

昭和43（1968）年、6代目の長男として生まれる。東北大学を卒業し、平成7年に家業に就く。酒造り60年を超える地元出身のベテラン杜氏の亀山精司さんが平成20年に引退。その後、製造責任者として蔵人や社員と酒造りを行っている。平成25年12月、7代目の社長に就任。'70sの洋楽や、それに影響を受けた音楽が好き。演奏も（少し）。

●**語録**「北国らしい硬質なところがあり、地元の町の名前でもある美郷錦、蔵付き分離酵母も見つかった9号系酵母、味わいのある地下水。クラシックな素材ですが、地元の恵みを大事に使って、年々進化したい」

♠**最も自分らしい酒**

「春霞」純米吟醸 緑ラベル（美郷錦仕込み）

美郷錦　精米歩合50％

著者コメント：「美郷錦×9号系酵母（KA-4）。最も好きな米と酵母」と栗林さん。はかなくも優しい旨味、肌理がこまかく、清涼な味わい。美味しい料理をそっと持ち上げる、控えめで美しい酒。鶏ささみと紫蘇のはさみ焼きと相性抜群だ。

♥**著者の視点**

町の名前でもある酒米の美郷錦と、名水百選で知られる「六郷の地下水」を使い、明治7年の創業以来の趣きある仕込み蔵で醸す〝「NEXT5」の良心〟。ぶれのない美酒を造る名手。栗のイラストを描いた特別純米シリーズも、旨味ののった味わいで魅力的だ。

日高見《ひたかみ》

平井孝浩さん　平孝酒造（宮城県石巻市）5代目蔵元

昭和37（1962）年、4代目の長男として生まれる。東北学院大学経済学部卒業後、東京の食品総合問屋に勤めたのち家業に就くが、売り上げは減少。（独）酒類総合研究所で学んだ上で、現場に入り、平成2年に「新関」に加え、「日高見」を立ち上げた。平成15年に社長に就任。経営と製造を統括する自称〝ゼネラルマネージャー〟。

●**語録**「日本酒造りは日本が誇る伝統であり、酒蔵は地域産業と文化の象徴です。なにがあっても酒蔵の明かりは消してはならない」「町の歴史を語り継ぐのは蔵元の務め」

♠**最も自分らしい酒**

「日高見　純米吟醸　芳醇辛口　弥助」

蔵の華　精米歩合50％

著者コメント：弥助は歌舞伎に由来する寿司の隠語。寿司との究極の相性をめざし3年かけて開発したきりりと締まった端正な新製品。超辛純米酒のぬる燗が抜群なだけに、平井さんの思いを受け止め、今後さらに期待。

♥**著者の視点**

〝寿司王子〟として知られるお洒落な男前。廃業の危機と大震災を乗り越えてきた不屈の精神の持ち主だ。寿司との相性をつきつめようと全国の著名寿司店を行脚。酒質と人柄を認められ、超辛純米酒を常備する店がクチコミで増えていったころ、東日本大震災で津波の被害にあう。生き残った酒に「絶対負けない石巻　希望の光」と名付け、売り上げの一部を地元に寄付。全面改装して、より上質な酒をめざす姿勢を支持するファンの輪が広がっている。

飛露喜

廣木《ひろき》健司さん　廣木酒造本店（福島県会津坂下町）9代目蔵元・杜氏

昭和42（1967）年8代目の長男として生まれる。青山学院大学経営学部を卒業し、キリンシーグラムに就職。26歳で蔵に戻るが販売量は年々激減。蔵を去った杜氏の代わりも雇えず、廃業を考え始めた矢先に、父が59歳で他界。若い蔵元がどん底状態で酒を造る姿をTVで観た東京の酒販店「小山商店」が連絡。「自分らしさを表現するように」との助言で造った酒が、同店の唎き酒会でトップ人気となり、一気に全国区へと広まった。

●語録「めざすのは濃密感と透明感」「思い描いたのはシャブリの特級畑レ・クロ。緻密で凝縮感がある。人を感動させるのは、決してうすっぺらな味ではないと思うんです」

（東日本大震災の直後に）「鎮魂のため、人の幸せのために酒を造ろうと決意しました。夢を語るときにある酒、希望を感じる酒を造り続けます」

♠最も自分らしい酒

「飛露喜」特別純米

麹米・山田錦　精米歩合50％、掛米・五百万石　精米歩合55％

著者コメント：普段飲みを想定して造った定番。米の旨味をほどよく表現し、綺麗に消える様はお見事！　いつ飲んでも裏切られない旨さ。

♥著者の視点

デビュー作に魅了され、会いに行ったのは平成11年春。32歳の廣木さんは蔵元と呼ぶにはあまりにも初々しかった。いまや日本酒ファンで知らぬ人はいない銘柄になったが、豊かな感受性とあくなき探究心で、これからも輝き続けるに違いない。

富久長《ふくちょう》

今田美穂さん　今田酒造本店（広島県東広島市）蔵元・杜氏

昭和36（1961）年、4代目の長女として生まれる。明治大学法学部卒業後、東京で会社勤めや能の仕事に携わったのち、平成7年家業に就く。先代杜氏を初めとする広島杜氏の指導を受け、12年杜氏に就任。純米酒と純米吟醸を中心に、特定名称酒だけを醸す。趣味はお笑いライブ鑑賞。好きな作家は内田百閒、アガサ・クリスティ。

●語録「めざすのは、瀬戸内の陽光のような、明るく軽やかで上品な吟醸酒」「広島吟醸の歴史を持つ地元、安芸津の風土に、富久長らしさと、今という時代を込めたい」

♠最も自分らしい酒

「富久長」純米大吟醸　八反草

八反草（契約栽培）精米歩合40％

著者コメント：「瀬戸内海側の広島らしい酒」と今田さん。八反草は、八反錦のルーツとされる140年以上前の幻の米で、今田酒造本店が復活させた。いわば富久長の〝ロマン〟。柔らかい旨味を楽しめるが、内に秘めたパワーも感じる。飲んだあとは潔く切れて、軽やかな飲み心地だ。イカ肝あえなど、こってり系の料理と合わせたい。

♥著者の視点

酒蔵は広島杜氏の故郷、安芸津にあり、「富久長」名付け親の三浦仙三郎氏は、明治時代に軟水醸造法を確立し、今日の吟醸酒質の基をつくった広島杜氏の始祖といわれる人物である。広島吟醸の伝統に、現代の息吹を加えた美酒を醸し続ける気風のいいハンサムウーマン、今田さん。先輩杜氏に対する強い敬愛の気持ちと、吟醸造りの先進地としての誇りが胸に伝わってくる。

宝剣《ほうけん》

土井鉄也さん　宝剣酒造（広島県呉市）蔵元（専務）・杜氏

昭和50（1975）年、3代目の次男として生まれる。素行不良で16歳のとき親族会議で勘当を言い渡され、土木作業で生活。18歳のとき婚姻届に印鑑をもらうために両親を訪ねた際、家業を手伝う条件で許される。21歳の冬、父が病に倒れ、代わりに自己流で造るが、試飲会で他の酒を飲み、自分の酒の不味さを思い知る。以来、先輩に教えを乞い、造りに邁進し、名杜氏と言われる存在に。特技は大食い。好きな言葉は、筋道。愛読書は『男道』清原和博、『最強マフィアの仕事術』、好きな歌手は長渕剛。

●語録「酒造りに出会っていなければ、人生どうなってたかわからん」「自分が飲みたい酒を造る」「ドイテツ、スゴイもん造りよった、と言わせたい」「目指すは日本一の蔵元」

♠最も自分らしい酒

「宝剣」八反錦を使った純米酒、純米吟醸酒。

著者コメント：旨味が広がって、スパッと切れる。見事な切れ味は、銘柄通りの宝の剣。モダンタイプの辛口酒だ。八反錦は広島を代表する酒米で、土井さんの思い入れの強い品種だという。

♥著者の視点

キリリと締まった男前な酒。〝ドイテツ〟こと土井さんも負けん気の強い男っぽい男だ。評判のワルだったが、一本気な性格が酒造りに出会って初めて生かされたのだろう。唎き酒選手権に参加して惨敗。食べ物を変え、煙草をやめ3年目に優勝。まぐれと言われたくなくて毎年参加し5回優勝。独特のキャラと、造りに対する真摯な姿勢に惹かれる熱烈なファンが全国にいる。

豊盃《ほうはい》

三浦剛史さん、文仁さん　三浦酒造（青森県弘前市）蔵元杜氏、製造担当

剛史さん（左）。昭和47（1972）年、4代目の慧さんの長男として生まれる。（独）酒類総合研究所で学び、平成11年、家業に就き、酒母と分析を担当。

文仁さん。昭和51（1976）年次男として生まれる。東奥義塾高校在学中から、寒梅酒造（宮城県）で学び、平成11年家業に就く。精米と麹、もろみ、雑用を担当。趣味は、美味しいものの食べ歩き。好きな作家は、かざまりんぺい。

●**語録**「心が和む酒を造り続けたい」

剛史さん「満足したら終わり。毎年、試行錯誤して精一杯の造りをする」「嗜好品なので、時代にあった酒という観点も大事にしたい」

文仁さん「全国で唯一、豊盃米を使って食中酒を目指しています。発酵の段階で調教が必要ですが、味がしっかりしていて料理にも合うんです！」

♠**最も自分らしい酒**

「豊盃」純米吟醸　豊盃米55

豊盃（青森県産）精米歩合55％

著者コメント：立ち香はほのかで、清涼感のある酸と、ふっくらとした米の旨味があり、後口を酸が引き締める。酒そのものの自己主張は控えめで、焼き魚や魚介の鍋など、幅広い料理に合う。

♥**著者の視点**

家族で醸す温かい雰囲気の酒蔵。700石ほどの小蔵ながら自家精米を行うなど米に対する意識も高い。「豊盃米」は青森県農業試験場が昭和51年に開発したが、後発品種に押されて奨励品種としてはずれ、現在、三浦酒造だけが契約栽培。名前は「ホーハイ節」から。

松の寿《まつのことぶき》

松井宣貴さん　松井酒造店（栃木県塩谷町）5代目蔵元・杜氏

昭和42（1967）年、4代目の長男として生まれる。東京農業大学農学部醸造学科を卒業後、美峰酒類（群馬県）に入社して、西岡氏に造り全般を学び、平成6年に家業に就く。平成18年、栃木県独自の酒造技術者として官民挙げて取り組んだ「下野杜氏」の第一期の認定を受ける。関東信越国税局酒類鑑評会審査員。趣味は野球、ゴルフ。

●語録「酒造りのテーマは、愛を醸す」

「伝統的な手法を守り、手間暇を惜しまないこと」

「金賞に縁のない蔵でした。とにかく金賞を取りたくて、取りたくて無我夢中でした。だから今でも、香りがきちんと立つ大吟醸らしい大吟醸を造りたいんです」

♠最も自分らしい酒

「松の寿」大吟醸

山田錦　精米歩合40%

著者コメント：「金賞を取りたくて仕込んでいたころを思い出し、いまも目標とするため」と松井さん自薦。果物のような香りと、繊細で綺麗な味わい、長い余韻……。確かな技術で醸され、きちんと管理されたことが伝わる上質な大吟醸酒。お祝いの日に乾杯したい。

♥著者の視点

特別純米クラスの日常酒に重きを置く若い造り手が多い昨今、酒の頂点としての大吟醸酒造りに情熱を燃やす正統派の美酒〝マッコト〟。蔵元は野球の川崎宗則選手に似た美男、妻の真知子さんはアイドル張りの美女、ファンから慕われるすてきなカップルだ。

松の司《まつのつかさ》

石田敬三さん　松瀬酒造（滋賀県竜王町）杜氏

昭和53（1978）年、京都府生まれ。高知大学農学部生物資源科学化卒業。平成13年、松瀬酒造入社、前杜氏の瀬戸清三郎さん（能登杜氏）の下で造りを学び、平成22年杜氏に就任。日本酒関係の古い文献、白洲正子の著作、加藤唐九郎の自伝『土と炎の迷路』などを愛読。飲食、料理が趣味。

●語録「稲はその土地の姿であり、日本酒はその純粋なエッセンス。人の手が加われば加わるほど、その透明度が失われる。逆説的ですがその人為を廃するために技術の研鑽が必要だと思う」「美味いという以上に、穏やかで荘厳な酒質が目標」

♠最も自分らしい酒

「松の司」純吟　心酔

山田錦（竜王町産）　精米歩合55％

著者コメント：竜王町酒米部会が栽培した山田錦を、石田さんの提案で生酛で仕込む。第一印象は静かで、品のある旨味が広がり、爽快な酸で消える。どっしり系ではなく、軽やかでナチュラルな生酛。名料理人の料理と共に楽しみたい。

♥著者の視点

新タイプの注目杜氏。日本らしいことに惹かれ、杜氏をめざすも、学生時代はワインにはまる。思いは変わらず、十数社の蔵元へ履歴書を送った。蔵元の松瀬忠幸さんは、「ワイン好きだが日本人だから日本酒を造りたい」と話す石田さんに可能性を感じて採用。「高精白米で行う現代の生酛は米を擦りつぶすというより、コーティングする感覚」など、文献を読んだ上で独自の理論で酒造りと向き合い、9年目に杜氏に大抜擢された。

三井の寿《みいのことぶき》

井上宰継《ただつぐ》さん　井上（福岡県大刀洗町）4代目蔵元・杜氏

昭和45（1970）年、3代目の長男として生まれる。簿記の専門学校を卒業後、ハーゲンダッツジャパン入社。平成9年、27歳で家業に就き、経営に携わる。その前年、杜氏が病に倒れ、「菊姫」（石川県）に居た杜氏を迎え、山廃など基本を学ぶ。だがかつての蔵の味とは異なると指摘され、全国の酒蔵を回って研究。福岡の気候にあった酒造りを提案するが、杜氏の流派とは異なっていた。そこで平成14年、井上さんが製造責任者に就任し、弟の康二郎さんとともに醸している。愛読書は『酒学集成』坂口謹一郎著。

●**語録**「酒造りは、化学とセンスと情熱だ！」

「地元に根差した『ローカリティー』、高い醸造技術で『クオリティー』、三井の寿にしかできない『オリジナリティー』がテーマ」

「料理をする発想で、常識にとらわれない新しい味の日本酒を造っていきたい」

♠**最も自分らしい酒**

純米吟醸「三井の寿」芳吟《ほうぎん》

山田錦（糸島産）　精米歩合55％

著者コメント：「香り・味ともに造りで指針となる酒」と井上さん。ほんのりと品が良い香り、繊細な中に深みのある味わい。地元の山田錦の力を生かした過不足のない安心感ある美酒。

♥**著者の視点**

すべての酒が特定名称酒であり、酵母の自家培養にも熱心。どれを飲んでも精度が高い。ワイン酵母で醸した酒も、酸を生かした調和のとれた味で、新奇さを狙ったのではないことが伝わる逸品だ。料理好きと知って納得。

御湖鶴《みこつる》

近藤昭等《あきら》さん 菱友《ひしとも》醸造（長野県下諏訪町）蔵元・杜氏

昭和51（1976）年生まれ。高校卒業後、プロスノーボーダーをめざしていたが怪我で断念。父が経営を手伝う諏訪市の酒蔵で蔵人として働いていたが、オーナーとの意見の相違で親子とも退職。そんな折り、隣町の菱友醸造が廃業寸前に追い込まれていることを知り、町を回って資金を募り、平成15年、26歳の若い蔵元杜氏が誕生した。師匠は「十四代」髙木さん、「富乃宝山」西さん、「東洋美人」澄川さん。愛読書は雑誌『LEON』。

●**語録**「味のイメージは、御湖鶴らしい透明感ある酸味」

「土作りから酒米の生産、醸造まで一貫して携わる、〝世界基準の酒つくり〟」

「信州でしかできない酒造りをしたい。その実現のため、今まで使っていた兵庫県産の山田錦から、信州産の金紋錦へ移行を進めています」

♠**最も自分らしい酒**

「御湖鶴」金紋錦　純米酒　2013

金紋錦　精米歩合65％

著者コメント：涼やかな酸と、ほのかな甘みが静かに広がる。アルザスのリースリングを思わせる綺麗な酸が魅力的だ。鶏肉や魚介のカルパッチョなど、淡い色の料理を引き立てる。

♥**著者の視点**

「下諏訪町でたった一軒の酒蔵を絶やしてはならない」。そんな若者の熱意に、町民たちが応えて存続。味わいは世界品質だが、近藤さんの思いは、町の人々のため第一に酒を醸すこと。御柱祭の人々の熱狂は、酒の存在意義を示している。

水尾《みずお》

田中隆太さん　田中屋酒造店（長野県飯山市）6代目蔵元

昭和40（1965）年、5代目の長男として生まれる。青山学院大学経済学部を卒業し、国税庁醸造試験場で戸塚昭氏に指導を受け、平成2年に家業に就く。より良い酒を造りたいと水を求め、水尾山の麓から湧き出る水に出会う。平成6年に、それまでの銘柄「養老」に加えて、「水尾」を発表。現在は主力銘柄に育っている。平成18年に代表取締役に就任。趣味はギターと歌。

●語録「奥信濃で暮らす人々が一番飲みたい味を大切に。ナチュラルで飽きが来ない、それでいて深さを持つ味わいが理想」「足」知。吾唯足るを知るが田中家の家訓」

♠最も自分らしい酒

「水尾」特別純米酒　金紋錦仕込

著者コメント：希少な地元木島平産の米、金紋錦を使った酒。透明感のある味わいだが、さっぱり淡麗ではなく、丸みのある旨味が伸びていき、すっきりと綺麗に消える。冷酒から燗まで幅広い温度帯で楽しめて、どんな料理にも合う万能タイプ。

♥著者の視点

いつも笑顔の田中さんだが、良い地酒とは何かを問い続ける熱血漢でもある。先代社長の父に反対されても水尾山へ水を汲みに行き、杜氏と喧嘩しながらも理想とする酒造りへの改革を断行。鑑評会で賞を取ったことをきっかけに、蔵の中の雰囲気が変わり、「良い酒は和を醸し、和がまた良い酒を醸す。これぞ『和醸良酒の心』」と感じたと言う。ひとごこちやしらかば錦、金紋錦など長野県産の酒造好適米で、飯山杜氏により箱麹で仕込む。豪雪地帯から〝奥信濃〟を発信し続けている。

村祐《むらゆう》

村山健輔さん　村祐酒造（新潟県新潟市）蔵元・杜氏

昭和44（1969）年生まれ。東京農業短期大学醸造科卒業。杜氏の病気で一時、製造を休んでいたが、平成3年に家業に就き杜氏を兼任し、高品質少量生産へ方向転換。代表銘柄「花越路」に加え、平成14年「村祐」を立ち上げた。平成20年から代表取締役。経営から製造、営業までこなす自称〝なんでも屋〟。ほかに「嵩村桂」「常盤松」銘柄もある。

●**語録**「飲んでいる日の感性で素直にお酒を感じてもらいたいと米と精米歩合の非公開を貫いています。いろいろな方がいて、ご意見も多々ありますが、当社のスタイルと思ってください」

♠**最も自分らしい酒**

「村祐」常盤ラベル　無濾過本生

米、精米歩合は非公開

著者コメント：「涼しい甘さを表現できているという点で選んだ」と村山さん。上等な和菓子に使う和三盆のようなきめ細かい甘味と、清涼感ある酸が食欲をそそる。甘いのにしつこくなくて、はんなり上品。飲めばノドグロ一夜干しや焼きカニなど、旨い魚介が浮かぶ。

♥**著者の視点**

品格のある甘さに惚れ込み、同時に新潟酒＝淡麗辛口という固定観念を覆された。杜氏としての初年度に、全国新酒鑑評会で金賞を受賞するが、賞を取るために醸すことに疑問を持つようになり出品をやめ、飲んで旨い酒を追求。米と精米歩合を公開していないことから批判もある。真意を問うと、好きな言葉として「秘すれば花なり。秘せずば花なるべからず」と世阿弥の言葉をひいた。

山形正宗《やまがたまさむね》

水戸部《みとべ》朝信《とものぶ》さん

水戸部酒造（山形県天童市）5代目蔵元・杜氏

昭和47（1972）年、4代目の長男として生まれるが、いずれ起業しようと、一橋大学経済学部卒業後に総合商社に就職。だが、父の言葉で家業を継ぐことを決意。山形県工業技術センターで1年間研修を受けたあと先代杜氏の元で造り、6年後の平成18年に杜氏に就任。20年に代表取締役。ニックネームは稲造。愛読書は『陰翳礼讃』（谷崎潤一郎）、村上龍、百田尚樹も愛読。

●**語録**「少量生産、高品質を徹底し、全国トップの技術者集団になることが目標」

「蔵人たちは優れた果樹農家で、酒に対しても〝育てる心〟で接してくれる。頭が下がります。それは勤め人が持ち合わせていないものです」

♠**最も自分らしい酒**

「山形正宗」純米吟醸　赤磐雄町

赤磐雄町　精米歩合50％

著者コメント：雄町らしい味の幅とシャープな切れ。まさに名刀正宗！　コルトンシャルルマーニュを思わせる透明感とミネラル感は、硬水の特徴。生イカ&塩、生ハムと飲めば感涙必至だ。

♥**著者の視点**

「好きな仕事をやりなさい。蔵はお前の息子に継がせるから」。独身だった水戸部さんに、こう言った父。優秀な息子に、先行きの見えない酒造業を継がせるのは忍びないと考えたのだろう。だが、その言葉で使命に目が覚めたと言う。「商社マンの頭から技術者の目に切り替わったら、飲みこみは早かった。いい酒を造っている」と、つききりで指導した元・工業技術センターの小関敏彦さん。明晰な頭脳で、業界に新風を吹き込んでいる。

遊穂《ゆうほ》

藤田美穂さん、横道俊昭さん

御祖酒造（石川県羽咋市）蔵元、杜氏

藤田さんは昭和39（1964）年、会社経営者の娘として東京に生まれ、共立女子大学を卒業後、豪華客船のフロント係など経験。業績が悪化した酒蔵の経営に携わっていた叔父が他界し、平成15年、引き継ぐ。大吟醸造りを目論むが、普通酒を造ってきた高齢の杜氏には難しく、大失敗。能登杜氏組合から派遣されたのが横道さん。横道さんは昭和34（1959）年生まれ、大阪市出身で32歳まで大阪市の職員であったが、日本酒の旨さに目覚め、「琵琶の長寿」（滋賀）に入り雑用係りから始め、「菊姫」、「常きげん」で農口尚彦杜氏に学び、「利休梅」で杜氏。平成17年から二人で造り上げた「遊穂」は能登杜氏醸酒品評会で最優秀賞を受賞。全国で脚光を浴びるように。藤田さんの趣味はぬか漬け。横道さんの趣味はおやじバンド、特技は両手で食事ができること。

●語録「めざすのは、力強くて優しい酒」

♠最も自分らしい酒

「遊穂」純米吟醸　火入れ

麹米・山田錦、掛米・美山錦　精米歩合55%

著者コメント：豊かな旨味と、生き生きとした酸。メリハリボディで飲んで飽きない。適度な熟成感もあり、軽めの中華料理とぴったり合う。

♥著者の視点

「もの造りに憧れたし、田舎暮らしもいいかも」と軽いのりで日本酒の世界に入り、失敗しながら着実に歩みを進めてきた藤田さんと、日本酒好きが嵩じてトッププロになった横道さん。異色のコンビが兄妹のように本音を出し合い、時には喧嘩しながら旨い酒を造りだしている。

ゆきの美人《ゆきのびじん》

小林忠彦さん　秋田醸造（秋田県秋田市）3代目蔵元・杜氏

昭和36（1961）年、生まれ。中央大学理工学部卒業。「新政」の杜氏を勤めていた初代が大正8（1919）年に創業。業績が悪化し、平成12年、酒蔵をマンションを併設する鉄筋コンクリート造りに改装。秋田県醸造試験場に通いつめて技術を学び、平成15年から杜氏として酒を造る。ワインを愛好。音楽は昔のパット・メセニーと最近のキース・ジャレットが好み。

●語録「気に入っている言葉は、河村傳兵衛氏（元・静岡県沼津工業技術センター技監）の『微生物にホリデー無し』。ユーモラスですが、蔵元も腹をくくって酒造れと言われている気がする」「秋田の酒らしくとは全く考えない。日本酒はもっと変化していかなければいけない」「結果的に複雑になった酒、ではなく、きっちりとコントロールしながらも複雑で余韻のある味わいを持つ酒をめざす」

♠最も自分らしい酒

「ゆきの美人」純米吟醸

山田錦　精米歩合55%

著者コメント：控えめで心地いい香りと、透明感のある酸、伸びやかな旨味が調和し、綺麗に収まる。楚々とした印象だが芯は強い美人のイメージ。

♥著者の視点

秋田県における蔵元杜氏の先駆け。蔵元チーム「NEXT5」最年長で、「オヤジ扱いされている」とぼやくが、面倒見のいい兄貴分だ。酒蔵は極小なコンクリート造り。製造量もわずか300石ほどだが、きめ細かい温度管理の元で、クオリティの高い酒を造りだす。

ロ万《ろまん》　星　誠さん　花泉酒造（福島県南会津町）代表

昭和51（1976）年、会社員の家庭に生まれる。高校卒業後に、入社希望するが叶わず、車の整備業を4年間勤めたのち、平成11年入社し配達や営業を担当。三増酒を中心に約3200石製造していたが、経営悪化。「飛露喜」を飲んで商品設計と経営両面で立て直しに乗り出すことを決意。蔵人に造りを学びつつ、福島県清酒アカデミーで基礎を学んだ上で改革を断行。平成25年代表社員（社長）に就任した。蔵は山深い渓流沿いにあり、フライフィッシングとキノコ狩りが趣味。

●語録「現場が命」「いつでも、どんなときでも前向きに、笑顔で、自ら率先して取り組む」「瓶洗いも掃除も酒造りの一環です。蔵人みんなで仲良く、全員でお酒を醸していきたい」

♠最も自分らしい酒

「ロ万」無濾過一回火入れ

麹米・五百万石、掛米・夢の香り、ともに精米歩合60％、四段米・ひめのもち同65％

著者コメント：すべての酒に会津の米、福島酵母を使い、もち米で四段仕込み。優しいタッチのふんわり甘い味で、一日の疲れを癒してくれる。炭酸で割ったり、燗にしても崩れない強さもある。

♥著者の視点

6年前、会津で会ったときは白塗りの顔にとっくりの着ぐるみ姿、翌年は巨乳のバスガイド姿……と先輩蔵元から宴会の盛り上げ役を命じられているが、いつも笑顔。抜きんでた個性のある酒に魅了され、下働きからトップになった経歴を知り、ますますファンになった。

若波

わかなみ

今村友香さん　若波酒造（福岡県大川市）蔵元・杜氏

昭和52（1977）年、3代目の次女に生まれ、同志社女子大学学芸学部日本語日本文学科で学ぶ。家業を手伝うために平成13年に帰郷。

（独）酒類総合研究所で学び、県内の他の蔵の杜氏から助言を受けながら醸した酒が高評価を得る。デザイン関係の仕事をしていた弟の嘉一郎さんも平成21年4代目候補として家業に就いた。今村さんは製造統括として5人のチームをまとめている。

●**語録**「味の押し波、余韻の引き波。ぐっと味が来てすっと引く、波のようなお酒をめざす」

「伝えたいのは、酒造りの風景。職人の気質」

「ピンチこそストーリー」

♠**最も自分らしい酒**

「若波」純米吟醸

麹米・山田錦（福岡産）、掛米・夢一献（福岡産）ともに精米歩合55％

著者コメント：バナナのような甘い香り、旨味と酸が絶妙にバランスし、爽やかに消える。ほどよいメリハリ感が料理に寄り添う。和紙ラベルも、現代の食卓に映える素敵なデザイン。和食だけではなく、軽いイタリアンにも合わせたい。

♥**著者の視点**

福岡県知事賞を受賞するなど注目の蔵。京都の大学に在学中には外国人に日本語を教えるゼミに入り、着付けの師範免許を取得したり、間近に歌舞伎を観るなど、日本の伝統文化に触れる。古典芸能関係の企業に就職が決まっていたところに呼び戻され、「家の犠牲になったと悲観していた」が、搾った酒を蔵人と飲んだ瞬間、「学んできたことが繋がった」と感じたという。

渡舟《わたりぶね》

山内孝明さん　府中誉（茨城県石岡市）7代目蔵元・杜氏

昭和37（1962）年生まれ。早稲田大学政治経済学部卒業。醸造試験場で熊谷知栄子氏に学び、昭和63年家業に就き、杜氏も兼任。平成元年に、地元農家の協力で、「渡船」の復活栽培に成功。翌年、「渡舟」銘柄の純米大吟醸を発表する。ほかに「府中誉」「太平海」などの銘柄もある。平成14年、代表取締役に就任。趣味は落語鑑賞。5代目古今亭志ん生のファン。

●語録「一、麹　二、酛　三、造り。酒造りの世界で、長い間語り継がれてきたこの言葉の重さを感じながら、日々心新たな気持ちで、仕込み現場に立っています」

「酒造りは、麹と酵母、人とのハーモニー」

♠最も自分らしい酒

「渡舟」純米大吟醸

渡船（茨城県筑波山麓産）精米歩合35%

著者コメント：「渡船で醸す、弊社のアイデンティティ」と山内さん。馥郁とした香り、どっしりとした腰の強い旨味や豊かな酸が弾ける。舌触りはとろりと滑らかで、飲んだあとはすうっと綺麗に消える。特別な日に味わいたい極上品。

♥著者の視点

安政元（1854）年創業以来、いまでも和釜や甑、麹蓋など古い酒造道具を使い、「麹と酵母と人のハーモニーを大切にする」という先達からの教えを忠実に守る酒造元。山内さんは、山田錦の親にあたる酒米「渡船」の存在を知り、14gの種もみを手に入れ、何軒もの農家を回って協力を依頼し、地元で復活栽培に成功。古き良きものを大切にする姿勢は、山内さんに受け継がれている。

博多　住吉酒販本店　福岡県福岡市博多区住吉3-8-27　092-281-3815
地酒処　田村本店　福岡県北九州市門司区大里本町2-2-11　093-381-1496
全国地酒処　ひらしま酒店　福岡県北九州市八幡東区羽衣町22-10　093-651-4082
地酒処たちばな酒店　熊本県熊本市南区田井島3-9-7　096-379-0787
河野俊郎酒店　宮崎県宮崎市清武町加納甲2677-1　0985-85-0021

■アメリカ
SAKAYA（ニューヨーク）324E. 9th ST., New York, NY 10003 U. S. A　www.sakayanyc.com
TRUE SAKE（サンフランシスコ）560 Hayes Street, San Francisco, CA94102 U. S. A　www.truesake.com

酒のやまもと本店　大阪府枚方市招提中町1-7-7　072-857-0082
　ほかに大阪店（島之内)、京都店（左京区)
白菊屋　大阪府高槻市柳川町2-3-2　072-696-0739
かどや酒店　大阪府茨木市蔵垣内3-18-16　0726-25-0787
酒のさかえや　滋賀県近江八幡市為心町上5　0748-33-3311
きたむら酒食品店　京都府八幡市八幡柿ケ谷14-111
075-982-8935
名酒館タキモト　京都府京都市下京区六条通り高倉東入ル
075-341-9111
すみの酒店　兵庫県神戸市長田区花山町2-1-27　078-611-1470
酒仙堂フジモリ　兵庫県神戸市東灘区本山中町4-13-26
078-411-1987

■中国
地酒の幸吉　岡山県岡山市中区下510-4　086-278-8100
酒商山田　広島県広島市南区宇品海岸2-10-7　082-251-1013
胡町　大和屋酒舗　広島県広島市中区胡町4-3　082-241-5660
酒の槙戸天狗堂　島根県松江市東奥谷町373　0852-21-4782
酒舗いたもと　島根県浜田市熱田町709-3　0855-27-3883
原田酒舗　山口県山口市湯田温泉1-11-23　083-922-1500
松原酒店　山口県宇部市東本町1-9-15　0836-21-1216
礒田酒店　山口県岩国市周東町中市1282　0827-84-0017

■四国
ふくしま屋　香川県高松市福岡町3-12-13　087-851-3535
ワタナベ酒店　香川県高松市扇町1-28-30　087-821-4584
おおさかや　徳島県徳島市八万町大坪327-1　088-668-0920
酒蔵　ことぶき屋　高知県四万十市中村天神橋4-1　0880-35-2531
塩ザキ商店　愛媛県西条市神拝甲507　0897-55-2441

■九州
とどろき酒店　福岡県福岡市博多区三筑2-2-31　092-571-6304

望月商店　神奈川県厚木市旭町3-17-27　046-228-2567

■甲信
依田酒店　山梨県甲府市徳行5-6-1　055-222-6521
酒乃生坂屋　長野県千曲市屋代1852-1　026-272-0143
相澤酒店　長野県松本市中央1-8-8　0263-32-3276

■北陸
早福酒食品店　新潟県新潟市中央区関屋本村町2-305　025-266-8101
カネセ商店　新潟県長岡市与板町与板乙1431-1　0258-72-2062
地酒サンマート　新潟県長岡市北山4-37-3　0120-27-1488
てらしま　富山県富山市緑町1-4-1　076-424-5359
越前酒乃店はやし　福井県越前市平和町12-13　0778-22-1281

■東海
ヴィノスやまざき本店　静岡県静岡市葵区常磐町2-2-13　054-251-3607
　ほかに、有楽町店、広尾店（ともに東京）など。
久保山酒店　静岡県静岡市清水区庵原町169-1　054-366-7122
篠田酒店　静岡県静岡市清水区入り江岡町3-3　054-352-5047
酒舗よこぜき　静岡県富士宮市朝日町1-19　0544-27-5102
酒・ながしま　静岡県沼津市末広町48　055-962-5738
酒泉洞堀一　愛知県名古屋市西区枇杷島3-19-22　052-531-0290
安田屋　三重県鈴鹿市神戸6-2-26　059-382-0205

■近畿
銘酒倶楽部エシュリー　和歌山県和歌山市古屋82-1（スーパーウジタ内）　073-453-7198
山中酒の店　大阪府大阪市浪速区敷津西1-10-19　06-6631-3959
酒蔵なかやま　大阪府大阪市北区本庄東2-15-2　06-6371-0145
三井酒店　大阪府八尾市安中町4-7-14　072-922-3875
乾酒店　大阪府八尾市恩智中町3-68　072-941-2118

でぐちや　東京都目黒区東山2-3-3　03-3713-0268
五本木ますもと　東京都目黒区五本木1-41-5　03-3712-1250
鈴傳　新宿区四谷1-10　03-3551-1777
三伊　井上酒店　新宿区早稲田鶴巻町541　03-3200-6936
味ノマチダヤ　東京都中野区上高田1-49-12　03-3389-4551
高原商店　東京都杉並区高円寺南3-16-22　03-3311-8863
三ツ矢酒店　東京都杉並区西荻南2-28-15　03-3334-7447
朝日屋酒店　東京都世田谷区赤堤1-14-13　03-3324-1155
大塚酒店　大塚屋　東京都練馬区関町北2-32-6　03-3920-2335
松沢商店　東京都練馬区練馬1-19-1　03-3991-0107
升新商店　東京都豊島区池袋2-23-2　03-3971-2704
中川商店　東京都武蔵野市境2-10-2　0422-51-3344
宮田酒店　東京都三鷹市上連雀1-18-3　0422-51-9314
小山商店　東京都多摩市関戸5-15-17　042-375-7026
籠屋　秋元商店　東京都狛江市駒井町3-34-3　03-3480-8931
リカー・ポート蔵家　東京都町田市木曽西1-1-15　042-793-2176
酒舗まさるや　東京都町田市鶴川6-7-2-102　042-735-5141
さかや栗原町田店　東京都町田市南成瀬1-4-6　042-727-2655
横浜君嶋屋
　　本店　神奈川県横浜市南区南吉田町3-30　045-251-6880
　　銀座店　東京都中央区銀座1-2-1　03-5159-6880
田島屋酒店　神奈川県横浜市金沢区釜利谷東2-16-34
045-781-9100
お酒のアトリエ吉祥　神奈川県横浜市港北区新吉田東5-47-16
045-541-4537
石澤酒店　神奈川県川崎市中原区木月3-10-17　044-411-7293
地酒や　たけくま酒店　神奈川県川崎市幸区紺屋町92
044-522-0022
厳選地酒　西山屋　神奈川県川崎市幸区戸手本町2-225
044-522-2902
坂戸屋商店　神奈川県川崎市高津区下作延2-9-9　044-866-2005
掛田商店　神奈川県横須賀市鷹取2-5-6　046-865-2634
藤沢とちぎや　神奈川県藤沢市本町4-2-3　0466-22-5462

泉屋　福島県郡山市開成2-16-2　024-922-8641
カーヴ・ド・ヴァン・オイワケ　福島県福島市太田町15-14　024-533-2336
渡辺宗太商店　会津酒楽館　福島県会津若松市白虎町1　0242-22-1076
植木屋商店　福島県会津若松市馬場町1-35　0242-22-0215

■関東
銘酒の殿堂　飯野屋　茨城県龍ケ崎市砂町5141　0297-62-0867
目加田酒店　栃木県宇都宮市一番町2-3　028-636-4433
猪瀬酒店　栃木県河内郡上三川町上蒲生3　0285-56-2112
上岡酒店　栃木県佐野市相生町21　0283-22-0895
森田商店　埼玉県さいたま市南区内谷5-15-19　048-862-3082
稲荷屋　埼玉県さいたま市南区根岸5-24-5　048-862-3870
雪乃屋こぐれ酒店　埼玉県所沢市北野南1-1-6　0429-48-1639
今宮酒店　埼玉県蓮田市西新宿2-99　048-769-5127
いまでや　千葉県千葉市中央区仁戸名町714-4　043-264-1200
地酒と焼酎の専門店　酒の及川　千葉県市川市南八幡5-21-11　047-376-3680
矢島酒店　千葉県船橋市藤原7-1-1　047-438-5203
酒のはしもと　千葉県船橋市習志野台4-7-11　047-466-5732
かき沼　東京都足立区江北5-12-12　03-3899-3520
杉浦酒店　東京都葛飾区四つ木2-3-8　03-3691-1391
はせがわ酒店亀戸店　東京都江東区亀戸1-18-12　03-5875-0404
ほかに、東京駅グランスタ店（JR東京駅構内B1）、麻布十番店、表参道ヒルズ店（表参道ヒルズ本館3F）、二子玉川店（二子玉川東急フードショー内）
伊勢五本店　東京都文京区千駄木3-3-13　03-3821-4557
酒館　内藤商店　東京都品川区西五反田5-3-5　03-3493-6565
かがた屋酒店　東京都品川区小山5-19-15　03-3781-7005
朧酒店　東京都港区新橋5-29-2　03-6809-2334
長野屋　東京都港区西麻布2-11-7　03-3400-6405
新川屋田島酒店　東京都渋谷区神宮前2-4-1　03-3401-4462

●旨い日本酒が揃う　著者お薦め
情熱の酒販店リスト（2014年５月現在）

■北海道

土井商店　北海道上川郡美瑛町中町1-7-10　0166-92-1516

銘酒の裕多加　北海道札幌市北区北二十五条西15丁目4-13　011-716-5174

■東北

酒の柳田　青森県弘前市親方町32-1　0172-32-1721

そうま屋米酒店　青森県南津軽郡大鰐町湯野川原109-7　0172-48-3034

吟の酒きぶね　岩手県盛岡市本宮1-7-22　019-681-4330

地酒屋芳本酒店　岩手県盛岡市内丸5-13　019-653-8899

仙臺亀岡　阿部酒店　宮城県仙台市青葉区川内亀岡町12　022-223-9037

カネタケ青木商店　宮城県仙台市太白区鹿野1-7-16　022-247-4626

グリーンブリーズ　宮城県仙台市若林区中倉1-20-16　022-231-5482

こごたの地酒屋　齋林本店　宮城県遠田郡美里町南小牛田字町屋敷124　0229-32-2304

むとう屋　宮城県宮城郡松島町松島字普賢堂23　022-354-3155

門脇酒店　宮城県塩竈市北浜1-2-22　022-362-1742

酒屋まるひこ　秋田県秋田市大町4-1-2　018-862-4676

アキモト酒店　秋田県大仙市神宮寺162　0187-72-4047

天洋酒店　秋田県能代市住吉町9-22　0185-52-3722

佐藤勘六商店　秋田県にかほ市大竹字下後26　0184-74-3617

まるひろ酒店　秋田県由利本荘市鳥海町伏見字川添52-9　0184-57-2022

酒屋源八　山形県西村山郡河北町谷地字月山堂684-1　0237-71-0890

■参考にした文献

『なぜ灘の酒は「男酒」、伏見の酒は「女酒」といわれるのか』石川雄章（実業之日本社）
『酒米ハンドブック』副島顕子（文一総合出版）
『もやし屋—秋田今野商店の100年』塩野米松（無明舎出版）
「清酒のおいしさ」『FFIジャーナル』vol.212、No.9、2007　宇都宮仁
「『全国新酒鑑評会』について」『日本醸造協会誌』第107巻第３号　2012　後藤邦康
『全国新酒鑑評会・20世紀全記録』吟醸酒研究機構
『全国新酒鑑評会　金賞受賞記録の全て』（フルネット）
『酒造教本』（財）日本醸造協会
『改定　灘の酒　用語集』灘酒研究会
『日本酒のテキスト』１、２　松崎晴雄（同友館）
『「夏子の酒」読本』尾瀬あきら（講談社）
『いざ、純米酒』上原浩（ダイヤモンド社）
『おとなの常識　日本酒』藤田千恵子　（淡交社）
『純米酒 BOOK』山本洋子　（グラフ社）
『夏田冬蔵—新米杜氏の酒造り日記』森谷康市（無明舎出版）
『「幻の日本酒」酔いどれノート』篠田次郎（無明舎出版）
『日本酒味わい事典』福島宙輝　（研究 NPO「日本酒の魅力を伝える」慶應大学　政策・メディア研究科大学院棟）
『まつり蔵麴室通信』『日本酒マニアックス』水元まつり
『dancyu』日本酒特集2010年３月号、2011年３月号、2012年４月号、2013年３月号、2014年３月号（プレジデント社）
『料理通信』特集　ワイン好きのための日本酒　2010年５月号（料理通信社）
『サライ』特集　心尽くしの「日本酒」2014年２月号（小学館）
『美味サライ』特集　日本酒新世代美酒の条件　2013年春号（小学館）
『愛と情熱の日本酒—魂をゆさぶる造り酒屋たち』山同敦子（ダイヤモンド社、ちくま文庫）
『極上の酒を生む土と人　大地を醸す』山同敦子（講談社＋α文庫）

あとがき

日本酒に、ぞっこん惚れ込む人が増えています。

理由は明快。美味しく進化したからです。

私が飲み始めた今から30年ほど前は、美味しいお酒を発掘する旅に出て、ようやくお気に入りの1本を探し出したものです。ところが今では、美味しくないお酒を探す方が難しいぐらい。居酒屋で出てくるお酒、酒屋さんに並んでいるお酒、どれもこれも個性きらめく美酒ぞろい。選ぶのに悩んでしまうぐらいです。

その背景には、蔵元や杜氏、米農家、研究者、酒販店や飲食店、配送業者など、直接間接に日本酒に関わる人々の努力があります。醸造、農業、精米、冷蔵、配送、販売……などの技術が日進月歩でレベルアップを続けてきたことが、日本酒の美味しさとして開花したのです。

でも、まだ多くの方は、日本酒と聞くと、その昔に飲んで悪酔いした刺激的なあの匂いや、珍味でちびちびと飲る、あのスタイルを思い浮かべてしまうのではないでしょうか？

そうだとしたら、もったいないことです。

いまどきの日本酒は美味しいだけでなく、バラエティ豊かです。シュワシュワっと泡が立つ爽快なタイプや、白桃のように甘酸っぱくてジューシーなタイプ、旨みがたっぷりあってキリリと切れるメリハリの効いたタイプ、出汁のようにしみじみ旨いタイプなど様々。和食はもちろん、焼き肉や中華料理、イタリアンやスイーツに至るまで、現代人が日常的に食べている幅広い料理と寄り添う、優れた伴侶になりました。日本酒を揃えるモダンな料理店や洒落た日本酒バルなども次々オープン。飲めるシーンもぐんと広がりました。

醸造家や飲食店経営者の世代交代も進んでいます。ワインを飲み、料理にオリーブオイルを使いこなし、ロックフェスで盛り上がる世代が醸す酒、薦めてくれる日本酒が、味や香り、ボトルデザインに至るまで、旧世代のそれとは異なり、現代風に変化するのはごく自然なことでしょう。

飲み手も変化しています。これまで日本酒好きは年配男性の専売特許のように言われてきましたが、若い女性ファンが急増。人気の居酒屋や日本酒のイベントは、女性たちの熱気であふれています。また、世界的な和食や日本文化の人気に伴って、外国人のファンも確実に増えています。

日本酒を取り巻く環境や飲むスタイルも、驚くべき変貌を遂げているのです。

新しい時代に入ったいま、これまで日本酒を敬遠していた方にとっても、心に響く、感動の味があるはずです。その味に出会うためにお役に立ちたい……。私の経験をお伝えすることが、その一助になればと願って本書を書きました。

達人指南で登場する酒井達人君は、日本酒に興味を持ち始めた人物をイメージして描きました。それはかつての私でもあります。そして居酒屋のご主人、勘介さんのモデルは、いつも私に美味しいお酒を薦めてくれる居酒屋店主の方々です。軽い読み物と思って、楽しんでいただければ幸いです。

本書執筆にあたって多くの方にお世話になりました。日本酒に対する愛情は人一倍持っているつもりですし、飲酒の経験は長いのですが、酒造りに関してはまったくの素人です。お話を伺った酒蔵の皆さんや飲食店、酒販店の方々、資料を提供くださった研究者やご指導くださった先生のおかげで、執筆を進めることができました。

編集担当の長嶋美穂子さんにも心よりお礼を申します。長嶋さんは本書を合わせて、これまでに3冊もの拙著について編集の労をとってくださっています。今回も温かい励ましを頂戴して、ようやくまとめあげることができました。

史上最高の美味しい日本酒に出会える今日。きっと明日は、来年は、いまよりさらに美味しく進化した味に出会えることでしょう。日本酒を愛する飲み手として、日本酒に関わるすべての皆様にお礼を申し上げます。特に、東日本大震災や集中豪雨など未曾有の大災害に遭いながらも、より美味しいお酒を提供しようと、たゆまぬ努力を続けている蔵元の皆様。心から敬愛申し上げます。日本の大地と造り手の情熱が生んだ雫を、これからも大切に味わい続けてゆきたいと思います。

平成二十六年　春

山同敦子

★ Special Thanks（敬称略）
宇都宮仁（仙台国税局　酒類監理官）、小関敏彦（山形県庁商工労働観光部工業戦略技術振興課技術主幹）、東海林剛一（秋田県酒造協同組合）、鈴木賢二（福島県ハイテクプラザ会津若松技術支援センター）、高橋仁（秋田県総合食品研究センター醸造試験場場長）、橋本建哉（宮城県産業総合技術センター）、（独）酒類総合研究所【酒販店】泉屋（福島・郡山市）、朧酒店（東京・新橋）、天洋酒店（秋田・能代市）、酒舗まさるや（東京・町田市）、とどろき酒店（福岡・福岡市）、山中酒の店（大阪・大国町）、【飲食店】兎屋（笹塚）、銀座 KAN（銀座）、件（学芸大学）、天★（東高円寺）、日本橋橘町 都寿司（馬喰横山）、萬屋おかげさん（四ツ谷）以上東京、さかふね（大阪・大国町）。
そして、全国の日本酒蔵元と杜氏の皆さん。

扉　写真
p 16、p 56　「十四代」高木酒造
p 114　銀座 KAN（銀座）
p 142　朧酒店（新橋）
p 182　「而今」木屋正酒造
p 232　「秋鹿」秋鹿酒造
帯、p 231　写真　件（学芸大学）

ちくま新書
1070

めざせ！ 日本酒《にほんしゅ》の達人《たつじん》
——新時代《しんじだい》の味《あじ》と出会う

二〇一四年五月一〇日 第一刷発行
二〇一五年十二月一〇日 第七刷発行

著者 山同敦子（さんどう・あつこ）
発行者 山野浩一
発行所 株式会社 筑摩書房
東京都台東区蔵前二-五-三 郵便番号一一一-八七五五
振替〇〇一六〇-八-四一二三
装幀者 間村俊一
印刷・製本 三松堂印刷 株式会社

乱丁・落丁本の場合は、左記宛にご送付下さい。
送料小社負担でお取り替えいたします。
ご注文・お問い合わせも左記へお願いいたします。
〒三三一-八五〇七 さいたま市北区櫛引町二-六〇四
筑摩書房サービスセンター 電話〇四八-六五一-〇〇五三

ISBN978-4-480-06775-3 C0277

1007
歌舞伎のぐるりノート
中野翠
素敵にグロテスク。しつこく、あくどく、面白い。歌舞伎は〝劇的なるもの〟が凝縮された世界。その「劇的なるもの」を求めて、歌舞伎とその周辺をめぐるコラム集。

1030
枝雀らくごの舞台裏
小佐田定雄
爆発的な面白さで人気を博した桂枝雀の、座付作者による決定版ガイド。演出の変遷、ネタにまつわるエピソード、芸談、秘話を、音源映像ガイドとともに書き記す。

1037
現代のピアニスト30
――アリアと変奏
青澤隆明
グールド、ポリーニなど大御所から期待の若手まで、気鋭の若手音楽評論家が現代演奏史の中でとらえ直す。間違いなく新定番となるべきピアノ・ガイド。

779
現代美術のキーワード100
暮沢剛巳
時代の思潮や文化との関わりが深い現代美術の世界を、タテ軸（歴史）とヨコ軸（コンセプト）から縦横無尽に読み解く。アートを観る視点が100個増えるキーワード集。

996
芸人の肖像
小沢昭一
小沢昭一が訪ねあるき、撮影した、昭和の芸人たちの姿。実演者である著者が、芸をもって生きるしかない「クロウト」たちに寄り添い、見つめる視線。写真164枚。

1021
奇跡の呼吸力
――心身がよみがえるトレーニング
有吉与志恵
集中とリラックスが自在になる。思い通り動ける。頭痛、肩こり、腰痛、便秘に効果テキメン。太りにくい体質にも。そんな心身状態になる「理想の方法」あります！

688
頭脳勝負
――将棋の世界
渡辺明
頭脳はもちろん、決断力、構想力、研究者としての力量。将棋では人間の総合力が試される。だからその戦いは観ているだけで面白い。将棋の楽しみ方がわかる本。

ちくま新書

726 40歳からの肉体改造 ――頑張らないトレーニング　有吉与志恵

肥満、腰痛、肩こり、関節痛。ストレスで胃が痛む。そろそろ生活習慣病も心配。でも忙しくて運動する時間はない……。それなら効果抜群のこの方法を、どうぞ！

751 サバイバル！ ――人はズルなしで生きられるのか　服部文祥

岩魚を釣り、焚き火で調理し、月の下で眠る……。「素のままで山を登る」クライマーは極限で何を思うのか？生きることを命がけで考えた山岳ノンフィクション。

782 アニメ文化外交　櫻井孝昌

日本のアニメはどのように世界で愛され、憧れの的になっているのかを、現地の声で再現。アニメ文化を外交に活用する意義を論じ、そのための戦略を提示する。

835 使える武術　長野峻也

武術の技は、理論とコツさえ理解すれば、年齢性別にかかわらず、誰でも実践できる。発勁、気功、護身術から、日常に生かす身体操作法まで、流派を超えて伝授。

865 気功の学校 ――自然な体がよみがえる　天野泰司

気功とは、だれでも無理なく、自然に続けられる健康習慣です。腰痛、肩こり、慢性疲労などの心身の不調を、シンプルな動作で整えるための入門書決定版。

903 電車のしくみ　川辺謙一

毎日乗っている通勤電車はどうやって動いているのか。そのメカニズムを徹底解剖。鉄道ファンのみならず誰が読んでもわかりやすい、電車に乗るのが楽しくなる本！

913 時刻表タイムトラベル　所澤秀樹

懐かしの上野発の夜行列車、あこがれの食堂車でのディナー、夢の世界一周切符?! 昔の時刻表は過ぎ去りし時を思い出させる読み物だ。時をかける紙上の旅へ！

ちくま新書

917 教養としてのゲーム史 多根清史
ゲームは、アイディアと技術、欲望を織りあわせながら進化し続ける。『インベーダー』『スーパーマリオ』『ドラクエ』……。名作・傑作を題材にその歴史を捉える。

920 いますぐ書け、の文章法 堀井憲一郎
文章はほめられたいから書くのか？ 人気コラムを書き続けてきた著者が、プロとアマとの文章の違いを語り、書けずにいる人の背中を強く押す、実践的文章法。

975 町の忘れもの なぎら健壱
路地裏から消えた物たち。失われた景色。それらは、人々の記憶と暮らしの息吹もろとも消えてゆく。もはや戻らない時を追い求め、写真と文章でつづる町の記憶。

978 定年後の勉強法 和田秀樹
残りの20年をどう過ごす？ 健康のため、充実した人生を送るために最も効果的なのが勉強だ。記憶術、思考力、アウトプットなど、具体的なメソッドを解説する。

1051 つながる図書館――コミュニティの核をめざす試み 猪谷千香
公共図書館の様々な取組み。ビジネス支援から町民の手作り図書館、建物の外へ概念を広げる試み……数々の現場を取材すると同時に、今後のありかたを探る。

795 賢い皮膚――思考する最大の〈臓器〉 傳田光洋
外界と人体の境目――皮膚。様々な機能を担っているが、驚くべきは脳に比肩するその精妙で自律的なメカニズムである。薄皮の秘められた世界をとくとご堪能あれ。

645 つっこみ力 パオロ・マッツァリーノ
正しい「だけ」の議論は何も生まない。必要なのは、論敵を生かし、権威にもひるまず、みんなを楽しませる笑いである。日本人のためのエンターテイメント議論術。